本书系以下项目研究成果

[1]长江经济带环境毒物的风险识别模式与智慧管控机制研究（19CGL042），2019年国家社会科学基金青年项目

[2]城市环境、经济与健康：动态环境风险智慧管理（T2021032），2021年度湖北省高等学校优秀中青年科技创新团队计划项目

城市环境与健康智慧管理：理论与实践

李飞 著

WUHAN UNIVERSITY PRESS
武汉大学出版社

图书在版编目(CIP)数据

城市环境与健康智慧管理:理论与实践/李飞著.—武汉:武汉大学
出版社,2023.9
ISBN 978-7-307-23723-0

Ⅰ.城…　Ⅱ.李…　Ⅲ.城市环境—环境管理　Ⅳ.X321

中国国家版本馆 CIP 数据核字(2023)第 070594 号

责任编辑:黄金涛　　　责任校对:汪欣怡　　　版式设计:马　佳

出版发行:**武汉大学出版社**　　(430072　武昌　珞珈山)
　　　　　(电子邮箱:cbs22@ whu.edu.cn　网址:www.wdp.com.cn)
印刷:武汉邮科印务有限公司
开本:720×1000　　1/16　　印张:18.25　　字数:260 千字　　插页:2
版次:2023 年 9 月第 1 版　　2023 年 9 月第 1 次印刷
ISBN 978-7-307-23723-0　　定价:92.00 元

前　言

当今全球超过一半的人口生活在城市，城市已然成为资源消耗和化学物质排放的地理焦点。城市环境的各种介质(包括水、土壤、空气等)中的污染显著加剧，这些污染通过多种暴露途径对公共健康造成风险甚至危害，且在多尺度分布上存在差异。环境健康风险管理吸收了多学科的知识和技术，是全球广泛使用的一种政策工具，包括危害识别、暴露评估、剂量反应评估、风险表征和风险管理等手段。近年来，环境与健康方面的研究显著增加，为如何了解污染物的真实释放、动态、归趋及影响提供了重要信息。面对多用户级的环境健康与公平的要求，环境健康管理领域近期面临的挑战包括但不限于：①出于执行难度、成本效益和信息安全的考虑，相关工作缺乏个人暴露场景和相应的参数；②在多介质环境中相关工作缺乏动态污染数据、污染物运移机制和建模；③缺乏多目标应用，特别是在用户级层面。当然，包括情景、模型和参数在内的许多因素都会影响人群健康风险管理的不确定性的频率和程度。当下，由于"互联网+物联网+环境健康"可能带来新的时代，社会迫切需要"正确的时间、正确的地点、正确的信息、正确的人"的精准环境与健康管理。因此，从多尺度、多介质、多暴露、多目标的视角开展智慧城市环境健康管理系统的相关研究具有重要意义。作者针对上述研究"痛点"和社会需要，经过近十年的科研探索，结合相关工程项目的实践经验，在同行专家的指导与启发下，撰写了本书。本书针对该领域研究中现存的不足，旨在通过对关键知识的整合、关键技术的建立完善等方式，架构出一套科学、高效的智慧城市环境与健康管理体系，并进行了案例实践，为读者提供参考或指导。

全书共分为 5 章。

第一章讨论的是基于集成学习的 PM2.5 污染智能预警系统。本章选取了北京市作为研究对象，以该市 2010 年至 2014 年的空气质量与气象监测数据为基础，对其进行了特征相关性分析以及特征重要度分析。之后，采用特征多项式扩展的方式对特征进行组合，生成新的特征后，再使用 XGBoost 算法的特征重要度模块对新产生的特征进行粗筛选，最后用穷举验证法对剩下的特征进行细筛选，从而确定最优的输入特征组合。针对 PM2.5 浓度预测的多参数交互影响的特点，研究借助目前比较成熟的三种机器学习算法，尝试利用 Stacking 集成算法进行融合性优化，同时模型参数调优采用了交叉验证法和网格搜索法。实验结果显示，基于 Stacking 的集成模型的 R^2 均在 0.9 以上，RMSE 均在 $50\mu g/m^3$ 以上，MAE 均在 $14\mu g/m^3$ 以上。其中 Stacking_HuBer 集成模型的训练效果最佳，模型的 R^2 达到了 0.931，RMSE 达到了 $50.627\mu g/m^3$，MAE 达到了 $14.537\mu g/m^3$，表明该模型的预测能力优秀。基于模型的实验结果，研究进一步结合 Web 开发技术 Python+Django 框架，对 PM2.5 污染智能预警系统进行了需求分析与系统设计，开发了一款基于集成模型的 PM2.5 污染智能预警系统。

第二章讨论的是基于大气 PM2.5 暴露的城市绿色健康出行系统研究。本章旨在解决居民对绿色健康出行的迫切诉求，选取北京市作为研究对象，首先以该市 2017—2019 年的空气质量监测数据和气象数据作为实验数据，采用相关系数的策略选择输入特征，通过时序化方法处理数据输入格式，并使用随机森林模型构建预测模型，对所有空气质量监测站点的拟合效果进行评估，结果显示预测模型 R^2 均在 0.87 以上，RMSE 均在 $15\mu g/m^3$ 左右，MAE 均在 $8\mu g/m^3$ 左右，这说明该模型预测能力良好。然后，借助 ArcGIS 对北京市城市道路地图进行路网拓扑化处理：先将路网数据中的相交节点和路段持久化为 Neo4j 图数据库中的节点与关系，并根据各空气质量监测站点的 PM2.5 浓度预测值和北京市区域格网使用反距离权重法进行空间插值，从而实现区域 PM2.5 分布可视化。接着，研究构建了路网路段相对 PM2.5 暴露风险的计算模型，模拟评估显示基于 PM2.5 暴露风险权重的最低风险路线相较于基于距离权重的最短距离路线所面临的 PM2.5 暴露风险明显更小，并且此差异在从低 PM2.5 浓度区域到高 PM2.5 浓度区域时更加显著(平均达到27%)。最后，研究还利用 Django 框架搭建了基于大气 PM2.5 暴露风险的城市绿色健康出行系统，通过分析用户的功能需求和系统稳定运行所需的非功能需求，将系统划分为出行路线查询、城市 PM2.5 分布查询和 PM2.5 预测模型在线训练等模块，并按照系统功能设计流程图逐步实现各个模块的功能，而后通过系统功能性测试和非功能性测试确保了系统的完备性。

　　第三章讨论的是基于物联网的老年人跌倒监护系统设计与研究。本章针对老年人数量日益增多的趋势且老人易发生跌倒这一情况设计了跌倒监护系统，该系统采用层次化的结构设计，整个系统分为三层：第一层为传感器层，该层用于采集被监护人的相关生理数据并在 STM32 微控制器进行数据汇集后按照一定格式封装，最后利用无线网络技术传输给智能手机层进行分析；第二层为智能手机层，该层用于接收各传感器层的数据并按照规定格式进行数据解析，结合陀螺仪和心率传感器的相关数据，与通过大量实验分析计算出的阈值进行比较，综合判断是否发生跌倒，并采用 GPRS 技术将相关数据传输到远程服务器保存，当发生跌倒时定位功能会根据智能手机是否打开 GPS 选择最佳的定位方式进行定位并自动呼救；第三层为远程服务器层，该层负责对数据进行分类、存储，为历史记录等功能提供数据支持。传感器层与智能手机层之间的通信使用低功率、低延时的蓝牙进行数据传输，智能手机层与服务器层使用 TCP/IP 通信协议的 GPRS 技术进行数据传输。智能手机层与各传感器网络实现数据交互、GPS 定位、用户交互、自动呼救、跌倒检测等功能，其中自动呼救功能依赖智能手机层的 GSM 网络。本章提出并验证了心率和跌倒的检测算法，跌倒检测采用的是阈值法，将传感器层测量的数据发送到智能手机层进行处理，然后与加速度阈值 5.5 g 进行比较，综合分析判断用户是否发生跌倒情况。本章最后对跌倒算法进行了测试，实验的准确度为97%。

　　第四章讨论的是基于 LBS 的可视化智能环境健康系统的研究。本章构建并优化了基于云端计算的多介质人体环境健康风险等的评估算法和体系，系统采用模块化、层次化的结构设计，底层系统架构和网络架构采用基于 Docker 容器和 Nginx 反向代理服务器的低耦合设计，并通过 SSL/TLS 模块实现数据接口的 HTTPS 加密安全传输；上层的 Web 应用使用基于 Java Web 的 JFinal 开源开发框架和基于 Python 的 Django Web 框架；数据库层级采用 MySQL 数据库，并通过 Django ORM、JFinal Service 层进行交互和管理。系统模块分为：用户信息管理模块，提供用户登录注册、个人健康信息数据管理等功能；环境污染监测模块，通过多途径网络 API 数据接口和爬虫程序获取城镇环境污染状况的高精度数据，并扩展出物联网环境监测设备的数据接口，实现全覆盖的实时监测；环境健康算法程序模块，通过基于云计算的 IDW 算法、智能环境健康风险动态评估等算法模型为个人用户科学估算暴露在多介质环境中的健康风险情况；健康导航模块，采用混合策略的 LBS 出行路线规划，为用户提供健康出行导航和健康跑步路线规划等功能。本章同时使用了 Django TestCase 组件、高德地图 JS API 等工具，编写、创建了一定数量的测试用例，生成了用户在一定时间范围内的模拟出行定位轨迹数据，对系统的功能接口、算法程序的稳定性等进行了测试。

第五章是对本书进行全面的总结和展望。

作者特别感谢一直以来提供重要指导的湖南大学曾光明教授和黄瑾辉教授；感谢提供资料、研究成果的国内外学者和启发作者编写此书的各位专家；特别感谢中南财经政法大学信息与安全工程学院张敬东教授、刘朝阳副教授、屈志光老师、李鸿鹄老师的大力协助；在成书过程中，感谢张涛、黄圣、刘家安、黄佳宝、闫晶晶、王运玲、郭锦媛等硕士生同学的辛苦付出。感谢中南财经政法大学中央高校基本科研业务费的资助。

衷心感谢我的家人默默承担书之外的大量工作，付出了辛勤的汗水。

由于著者水平和时间所限，书中难免存在疏漏或不足，敬请读者批评指正。

李　飞

2021 年春于中南财经政法大学文永楼

目　　录

第1章 基于集成学习的 PM2.5 污染智能预警系统研究

1.1 研究背景及意义

近几十年我国经济飞速发展的同时也造成了大气污染的问题日益严重，空气质量已然成为全国人民关注的焦点。我国是世界上最大的煤炭消费国，煤炭在我国工业化进程中有着不可或缺的作用，但过于粗放的煤炭加工消费方式造成了严重的烟尘污染[1]。我国对环境的保护工作在 20 世纪七十年代就已经起步，当时对 SO_2 烟尘和降尘等实施了监测，1982 年颁布的《大气环境质量标准》则将 SO_2、NO_x、TSP、PM10、CO、O_3 等列为主要大气污染物[2]。但是，随着我国进入经济快速发展的时期，钢铁、重化工、建材和冶金等工业产生了高强度的污染物排放，环境开始恶化，直接表现就是大城市发生雾霾的次数大大增加，大气能见度明显下降，从此人们愈发关注 PM2.5 的数据[3]。PM2.5 也被称为可入肺颗粒物，一般指粒径小于等于 2.5 微米的颗粒物。PM2.5 的来源主要有以下三种形式[4]：（1）一次粒子，产生途径包括石油、煤炭等燃料的燃烧以及道路扬尘、农田耕作等。（2）二次粒子，主要是通过化学反应产生的 SO_2 等有害物质。（3）固态一次可凝结粒子，主要由以气态或者气溶胶两种形态存在的有机物构成。PM2.5 易附带有害物质[5]，主要是因为其在空气中的悬浮时间长，而且虽然 PM2.5 的粒径较小，但是表面积却很大，这导致了它的表面活性较强。正是由于 PM2.5 较小的粒径，它能够从呼吸道进入人体内，并

1

对肺部造成严重的影响，最终导致人体缺氧。研究表明，引发心血管和呼吸道疾病甚至肺癌的一个重要原因就是长期暴露在细颗粒物中[6]。当空气中的 PM2.5 浓度高于特定值时，随着其浓度的不断升高，人类总体死亡风险会随之上升[7]。2012 年联合国环境部发布的报告中显示超过 100 万的死亡案例与环境污染直接相关，2013 年世界卫生组织（WHO）首次将 PM2.5 认定为一种致癌因素。除了通过直接污染空气环境危害人类身体健康，PM2.5 还能够影响云和雨的形成，进而影响全球气候[8]。

美国在 1997 年规范了细颗粒物污染物的监测标准，但截止到 2011 年，世界上百分之八十的国家还未将细颗粒污染物纳入监测范围，他们还只停留在对 PM10 进行监测的阶段。2011 年我国环保部首次发布了关于 PM2.5 的检测方法，到 2012 年则明确规定将 PM2.5 纳为衡量空气质量的指标。2017 年的《政府工作报告》中强调了要加快改善生态环境状况[9]，而 2020 年是打赢"蓝天保卫战"三年行动计划的目标年。

基于上述背景，可知空气污染防治仍然是目前环境治理中的一个重点工作。本研究以北京市 2010 年至 2014 年的气象数据为研究对象，对其进行分析处理，从中挖掘北京市气象因子变化与 PM2.5 变化之间的规律，再通过多种机器学习模型对气象数据进行训练，进而预测出 PM2.5 的浓度。这一系列工作有助于我们掌握北京市 PM2.5 浓度的变化趋势，可以为市民的生产生活提供帮助，为相关部门制定决策提供参考。

1.2　国内外研究现状

1.2.1　国外研究现状

PM2.5 的浓度水平是评判大气环境质量的重要标准。和国内相比，美国很早就制定了 PM2.5 的空气质量标准。截止到 2010 年底，全世界除了欧洲部分国家和美国意识到监测 PM2.5 的重要性外，其他许多国家对 PM2.5 浓度的关注还只停留在观测层面。近几年来，随着人们对环境状况越来越关心，世界各国进行了很多有关 PM2.5 的研究，提出了多种分析和预测 PM2.5 浓度的方法。比如天气研究和预报(WRF)模型[10]，然而其主要功能是模拟和分析，这需要大量的气象数据和环境数据，同时系统的操作复杂度极高，需要消耗大量的人力物力，不适合用于低成本预测污染物浓度。

针对这一问题，国外研究者提出了一些其他的 PM2.5 浓度预测模型。Patricio 等[11]通过多层神经网络预测了 PM2.5 浓度，并将其与定点观测的 PM2.5 浓度进行对比，结果证明通过拟合前一天 24 小时平均浓度的函数，可以预测一天中任何时刻的浓度。Perez 等[12]研究了多层神经网络、线性算法和聚类算法三种方法提前一天预测 PM2.5 的能力。Dong 等[13]为了克服隐马尔科夫模型(HMMs)预测的局限性，通过改进 HMMs 得到一个新模型，并利用它们来预测芝加哥的 PM2.5 浓度水平。Dimitris 等[14]对芬兰和希腊的部分城市地区的空气污染状况使用主成分分析法进行了比较分析，提出了一种新的混合模型，将线性回归和人工神经网络(多层感知器)模型相结合，用于预测 PM2.5 的日均浓度。Oprea 等[15]采用人工神经网络(ANN)和自适应神经模糊推理系统(ANFIS)对空军基地 PM2.5 小时计量数据集进行了 PM2.5 浓度预测。Biancofiore 等[16]采用多元线性回归模型(MLR)和神经网络模型对亚得里亚海沿岸某市区近三年的数据进行了分析，并对 PM2.5 浓度进行了预测。Hu 等[17]利用大气气溶胶光学深度(AOD)数据、气象和土地利用数据等变量建立了一个随机森林模型，用来预测美国地面日均 PM2.5 浓度。

1.2.2 国内研究现状

与国外相比，国内 PM2.5 浓度监测研究起步较晚，但由于它对国民生活环境有较大影响，国内学者对 PM2.5 浓度越来越重视，开展了一系列有关 PM2.5 浓度监测、生物毒性分析以及浓度预测的研究。如吕琪铭[18]通过实验比较了多元回归模型和自回归移动平均模型对 PM2.5 浓度水平预测的精准度。Wei 等[19]为了克服隐马尔科夫模型的缺陷，采用对数正态分布、伽玛分布和广义极值（GEV）分布的 HMMs 来预测北加州康科德和萨克拉门托监测站的 PM2.5 浓度。彭斯俊等[20]对比了灰色系统预测（GM）模型和整合滑动平均自回归（ARIMA）模型对不同时段的 PM2.5 浓度水平的预测精度。Zhou 等[21]提出了一种由 RNN 模型和 EMD 模型改进的混合模型，用于预测 PM2.5 的日均浓度。谢永华等[22]采用 SVR 模型和 HSMM 等机器学习方法对比了城市 PM2.5 浓度预测的精度。Feng 等[23]为了提高人工神经网络预测 PM2.5 日平均浓度的精度，提出了一种将气团轨迹分析与小波变换相结合的混合模型。Lv 等[24]采用了非线性回归模型对 PM2.5 浓度进行了预测。Huang 等[25]通过采用 BP 神经网络和 ARIMA 模型来实现对 PM2.5 的实时监测、分析和预警。Deyun 等[26]为了预测武汉和天津两地的 PM2.5 浓度，提出了一种基于差分进化（DE）算法、小波变换（WT）、BP 神经网络和变分模态分解（VMD）的混合模型。Cheng 等[27]提出了一种基于人工神经网络（ANN）、ARIMA 模型、小波分解以及支持向量回归（SVR）的混合模型对成都等五个城市的 PM2.5 进行预测。

基于上述背景可知，众多学者对 PM2.5 浓度的预测方法正逐步转换为使用机器学习的方式。机器学习操作性强且投入产出比高，可以模拟线性问题和非线性问题。除此之外，该方法能够挖掘出数据中潜在的信息，从而获得非常好的预测效果。近年来，许多学者开始尝试结合机器学习和遥感、地理信息等技术来提高预测的精度，利用机器学习技术进行 PM2.5 浓度预测已经成为本领域内的研究热点[28][29][30]。

1.3　研究目标与内容概述

本研究旨在通过运用集成学习算法对多个机器学习算法进行融合，将得到的新模型应用于 PM2.5 预测领域中，实现对 PM2.5 浓度的短期预测；同时在 PM2.5 浓度超过设定的阈值时，警示人们做好防护措施，给环保部门治理雾霾提供参考。本研究主要分以下几部分进行：

（1）数据分析与处理

在对模型进行训练之前，需要对数据进行处理以符合模型的输入要求。首先采用归一化及缺失值处理方法对原始数据进行处理，然后进行特征相关性分析以及特征重要度分析。接着采用特征多项式扩展的方式对特征进行组合，生成新的特征后，再使用 XGBoost 算法的特征重要度模块对新产生的特征进行粗筛选。最后用穷举验证法对剩下的特征进行细筛选，剔除相关性较弱的特征，从而确定出一个最优特征集。

（2）预测模型优选构建

PM2.5 浓度预测模型的研究主要包括 3 个部分：模型选择及构建、模型评估和模型验证。针对 PM2.5 浓度预测的多参数交互影响的特点，研究选取了 XGBoost、LightGBM 和 Ridge 等适用于回归分析的算法，尝试利用 Stacking 集成算法进行融合性优化，同时运用网格搜索法和交叉验证法对模型进行参数调优，最后使用评估质量的指标 R^2、RMSE 和 MAE 来检验模型的预测效果。

（3）系统设计与实现

本研究实现的系统是基于集成学习的 PM2.5 污染智能预警系统。在模型研究完成的基础上，采用 Sklearn 的 Joblib① 模块保存最优模型，并部署到系统。系统采用 Django 的 MVT② 架构，基于其前后端分离的特点进行开发，其中系统后台负责模型的训练和 PM2.5 的预测，前端负责气象数据以及预测结果的展示。本系统共包含五大功能模块，多角度、立体化地展示了气象数据和 PM2.5 数据。

1.4 相关理论与技术

1.4.1 基于机器学习的 PM2.5 预测方法

1.4.1.1 机器学习模型部署流程概述

完整的机器学习项目一般包括七个环节，分别为数据源获取、数据分

---

① Joblib 是一组在 Python 中提供轻量级管道的工具。
② Django 中的类 MVC 架构模式。

析、数据预处理与特征工程、数据集构建、模型训练、结果评估与文件整理、接口封装与部署上线[31]，具体如图 1.1 所示。这七个环节的介绍如下：

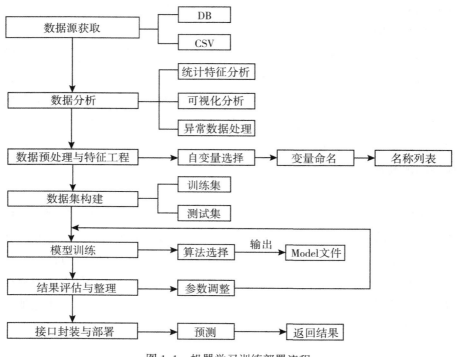

图 1.1　机器学习训练部署流程

（1）数据源获取

机器学习系统的第一个步骤就是收集数据，这一步非常重要，因为收集到的数据的质量和数量将直接影响预测模型的最终效果。因此需要收集到尽可能多的、准确的数据，以便于之后进行模型的构建。收集到的原始数据需要保存成数据库文件或者 csv 格式文件。

（2）数据分析

数据分析是机器学习系统的第二个环节，这一步骤主要是数据发现。首先需要分析出数据中各个类别所占的比例，如 PM2.5 浓度预测问题，我们就需要分析样本的不平衡性，从而可做进一步的算法处理。此外，数据分析的工作还包括分析样本的统计特征，针对数据的最大值、最小值、均值、方差等规律进行可视化处理，为下一步的算法选择与处理进行铺垫。

（3）数据预处理与特征工程

通常由特征提取得到的特征都还是未经处理的数据，这些特征常存在信息冗余、有缺失值、量纲不同等问题。在数据预处理中，对于量纲不同的问题常采用无量纲化处理，如数据归一化、标准化等；对于缺失值的问题，常采用部分删除、部分填充的方式处理，如设定阈值、删除缺失值占比高的部分数据等。在预处理结束后需要进行特征工程，具体包括特征组合与特征选择，为进一步的模型预测做准备。

（4）数据集构建

在构建数据集的过程中需要将数据分为两部分，通常以 8∶2 或者7∶3进行数据划分，前者为训练集，后者为测试集。后面结果评估时不能直接使用训练数据来进行评估，否则结果无参考价值。

（5）模型训练

在对模型进行训练之前，要确定合适的机器学习算法。针对不同的数据集规模以及面向的不同问题有一些常用的方法：对于数据量较小的问题，常采用高偏差低方差分类器进行处理，以降低过拟合；对于数据量较大的问题，常采用低偏差分类器进行处理，以降低渐进误差，提高训练效果。针对 PM2.5 浓度预测的特点，本研究将结合实验所用到的较小数据量进行模型选择与训练，这些将在第二章进行详细叙述。

（6）结果评估与文件整理

训练完成之后，还要通过比对分析真实数据和预测数据之间的误差，以此评估模型的优劣。回归模型评估常见的五个质量指标分别为平均绝对值误差（MAE）、拟合优度（R^2）、均方误差（MSE）、均方根误差（RMSE）和平均绝对百分误差（MAPE）。本研究的主题 PM2.5 预测问题属于典型的回归预测问题，故选择 MAE、R^2 和 RMSE 作为模型评估的参考指标。模型训练完之后需保存相关的模型文件，准备下一步的部署工作。

7

（7）接口封装与部署上线

在机器学习系统的构建中，本研究结合具体编程语言与前后端框架，通过封装操作利用接口实现了对模型的调用。预测结果将返回显示在前端，这样就实现了对模型预测结果的展示。接口封装完毕后，还需将机器学习模块整合进入系统，最后进行系统测试并部署上线。

1.4.1.2　机器学习在 PM2.5 预测中的应用

基于数值模型的 PM2.5 浓度预测方法，如 WRF①、CMAQ②，是以空气动力学理论和物理化学过程为基础，通过数学方法构建大气污染浓度的稀释和扩散模型，从而动态预测大气污染物的浓度变化。由于这些数值模型的参数大多是根据以往经验估计的，且依赖于庞大的计算量，很多条件也假定为理想状态，因此基于数值模型的 PM2.5 浓度预测方法存在很大的局限性，不适合中尺度以下使用。此外，由于数值模型对气象数据的要求较高，而相关数据往往很难获取，所以基于数值模型的 PM2.5 浓度预测方法在国内大多城市应用并不普遍。近年来有学者尝试将大数据和机器学习技术与 PM2.5 浓度预测结合，针对 PM2.5 浓度预测的多参数交互影响的特点，利用机器学习算法对 PM2.5 浓度进行预测。经研究表明，机器学习技术与 PM2.5 浓度预测结合后得到的成果具有很强的参考与实用价值。

将机器学习模型应用于 PM2.5 浓度预测，主要的工作是确定模型的输入和输出。在 PM2.5 浓度的预测方法中，影响 PM2.5 浓度的因素有很多，如气象因素、经济社会因素等，其中气象因素是重要的影响因素，故本研究选择 PM2.5 相关气象因素特征作为 PM2.5 浓度预测模型的输入，输出是 PM2.5 预测浓度，如图 1.2 所示。

---

① 　美国 NOAA 预报系统实验室研发的 WRF-Chem（Weather Research Forecast Chemical）。

② 　美国环保局研发的多尺度空气质量模式（The Community Multiscale Air Quality，简称 CMAQ）。

图 1.2 基于机器学习的 PM2.5 浓度预测模型的输入输出

1.4.1.3 机器学习 Sklearn 框架

Scikit-learn 简称 Sklearn，是基于 python 的机器学习工具包。本研究采用该框架完成了 PM2.5 浓度预测模型的构建与实验，它主要有以下四大特点：第一，可高效地实现数据挖掘与机器学习算法；第二，对不同编程环境兼容性强，复用性好；第三，具有 BSD 许可证，开源可商业使用；第四，主要基于 Numpy、Matplotlib 与 Scipy 实现。框架内包含了监督学习、无监督学习、模型选择与评估、数据集加载、数据集转换等内容，其常用模块如下：

（1）监督学习是机器学习领域内的一种学习方式，是已知样本类别进行学习，包含 Lasso、Ridge、ElasticNet、SVM、nearest neighbors、random forest、GPR、GPC 等等，常应用于性别分类、人脸检测、文本分类、图像识别等领域。

（2）无监督学习这种方式事先不知道样本类别，在无标签的数据里发现潜在结构的一种训练方式，常见的算法包含 MLLE、HE、MDS、k-Means、mean-shift、DBScan 等，常用于异常发现、推荐系统以及用户细分领域。

（3）模型选择与评估包含交叉验证、调整超参数、模型评估以及验证曲线等步骤，具体有 K-Fold、LPO、GridSearchCV、non-negative matrix、confusion matrix、factorization 等方法，其目标为评估模型的表现，将模型预测质量进行量化，并用分数具体评估模型。

（4）数据集工具主要包含数据集转换工具与数据集加载工具，具体包

9

括 Pipeline、FeatureUnion、PCA、单变量与多变量插补、高斯随机投影、内核近似等，数据集加载可使用通过数据集 API 以及真实场景中的数据集，较为高效。

1.4.2　集成学习方法

集成学习[32]通过构建并结合多个机器学习算法完成学习任务，它能够融合这些机器学习算法的优点。相较于单一算法，集成学习算法具有较高的准确度。集成学习的基本思路就是在处理某一问题时，通过训练多个弱学习器并把它们以某种策略集成在一起，将所有弱学习器的结果进行合并作为模型的最终效果，从而实现整体上预测准确度的提升。在选择用于集成学习的弱学习器时，对它们的预测准确度往往要求不高。

1.4.2.1　集成学习的理论基础

集成学习主要的理论依据就是将弱学习器升级为强学习器，典型的集成学习方法有堆叠元学习法。该方法的主要思路是在集成模型的各个层次中放入多个弱学习器，将除最后一层外所有层的输出作为下一层的输入，经过逐层的模型训练得出最终的预测结果。此外，集成学习的理论认为在处理复杂的学习问题时，无法简单地通过模型训练得到最优的学习器，即模型不能在任何情况下都得出数据集对应的最优结果。因此，集成学习算法需要通过科学的方式将弱学习器进行叠加组合并完成训练，以获取最佳的训练结果。

本研究使用回归预测类的机器学习模型挖掘气象数据之间潜在的规律，进而实现对 PM2.5 浓度的预测。所谓回归预测，其主要特点为模型的输出结果是连续性数值，而输出结果为离散性数值的回归问题被定义为分类预测问题。根据学习方式的不同，回归预测分为有监督学习与无监督学习两大类，本研究的 PM2.5 浓度预测问题属于典型的监督学习问题——对一组已知的气象数据进行学习，进而训练出稳定的预测模型，最后使用该模型对输入数据进行回归预测。

1.4.2.2　集成学习算法分类与经典模型

集成学习在处理回归或分类问题时，需要通过科学的弱学习器组合方式来完成学习任务。本研究针对 PM2.5 浓度预测问题，先对弱学习器进行训练，再以特定的策略和规则融合每个弱学习器生成的预测结果，最后对融合模型进行再训练以获得最佳的预测结果，从而实现优化单个弱学习器的目的。集成学习一般被定义为两大类：

（1）从狭义上来说，集成算法所采用的学习器多为同质性的，即它们的特性属于同一类别。集成算法在解决某一问题时，往往需要训练多个同质学习器。狭义集成中最为典型的算法包括了基于 Bagging 的随机森林和基于 Boosting 的 Xgboost、Adaboost。

（2）从广义上来说，集成学习算法所采用的弱学习器未被明确指出其类型是否需要同质。为了处理某一问题，广义集成所使用的学习器往往属于不同类别，其最为典型的算法包含了基于 Stacking 的两层异质集成。

如何训练算法以及如何组合算法是集成学习所要解决的主要问题，在目前的研究中形成了以 Boosting 与 Bagging 为代表的狭义集成算法，下面对它们进行详细介绍。

Boosting 算法是对在线学习算法的改进，算法中的所有决策均对应一定的权重，然后通过一定的组合方式对决策进行处理以完成预测任务。如果分配给某一决策的权重是合理的，则可以认为该权重是相应决策在决策组合中的最优决策概率。同时决策策略可以按照预测结果进行在线更新，完成更新后，错误策略的权重会降低，正确策略的权重则相应提升。

Boosting 算法的工作原理是使用弱学习器对某一抽样样本进行预测。由于每个弱分类器的性能未知，因此假定其分类水平相同，然后随机选择一个弱分类器进行结果预测。如果分类正确，则损失函数将减少，误差将增加。Boosting 通过增加训练效果较好的弱分类器的权重，以提高预测精度。完成训练任务后，Boosting 会标记出每一个弱分类器对应的最大权重的数值，下一轮模型训练时就可以直接使用。经过这一系列处理，可以大大缩小整体的损失函数。Boosting 算法的框架如图 1.3 所示：

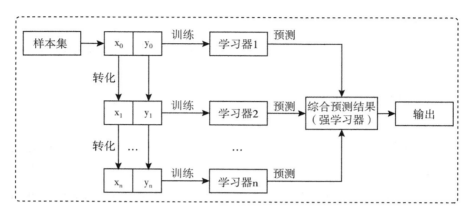

图 1.3　Boosting 算法框架图

Bagging 算法则偏向于对数据集的处理。具体思路是使用更为灵巧的采样方式，通过再放回的循环采样法将数据集分割成不同的样本。这些新产生的样本用于相同模型的训练时，训练效果有较大差异。最后 Bagging 通过投票法对所有弱学习器的输出进行处理，从而实现回归或分类预测。Bagging 算法的框架如图 1.4 所示：

Boosting 算法主要通过对偏差①进行修正从而实现预测，而 Bagging 算法则依靠灵活的样本构建，并通过样本调整来控制干扰。两者之间的主要区别总结如下：

（1）Boosting 算法中分类器之间的关联性较强，而 Bagging 算法没有。

（2）Boosting 算法内部的分类器之间具有高度并行性，因此运行更高效，而 Bagging 算法则没有此优点。

（3）Bagging 算法着重于降低方差，因此其泛化能力更强，而 Boosting 算法主要降低的是偏差，在拟合能力上更有优势。

----

　　①　偏差又称为表观误差，指个别测定值与测定的平均值之差，它可以用来衡量测定结果的准确度高低。

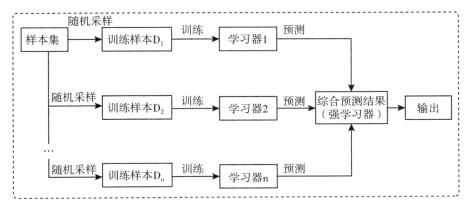

图 1.4 Bagging 算法框架图

1.4.3 相关机器学习算法介绍

1.4.3.1 Ridge

岭回归(Ridge regression)算法[33]由 Hoerl 和 Kennard 于 1970 年首次提出，主要应用于处理不适定问题，它适用于共线性数据的回归方法，是对传统的最小二乘估计法①的一种改进，其基本思路就是通过牺牲最小二乘法的无偏性来换取更为符合实际情况的回归系数。这种方法带来的问题就是一些信息被丢失，回归预测的准确性在一定程度上降低，但得到的结果变得更加可靠实用，特别是在对病态数据的拟合中，其鲁棒性②远好于传统的最小二乘法。所谓"病态"，指的是某一个元素仅仅发生微小变化就会导致最终结果出现较大误差的现象，在机器学习中，如果选择的算法不合理，同样会产生较大的误差。这里的"病态"特指数据而言，假设数据以矩

---

① 最小二乘估计法又称为最小平方方法，是一种数学优化技术。

② 鲁棒是 Robust 的音译，也就是健壮和强壮的意思，同时也表示在异常和危险情况下系统的生存能力。

阵形式存在，则这种"病态"现象表现为"病态矩阵"，矩阵中单个元素的微小变化会导致计算结果出现较大误差。但是"病态矩阵"并非时时刻刻都会表现出"病态"，往往需要特定的激发条件，其"病态"特征才会展现出来。

岭回归被认为适合解决由模型外变量之间的多重共线性引起的设计矩阵退化的问题，它为了减小线性回归的均方误差（MSE，Mean Square Error）而放弃了无偏性，从而带来了整个模型估计参数的稳定。通过引入岭参数可以压缩模型的估计程度以逼近其真实值，因此使用岭回归算法处理实际问题时，必须选择合适的岭参数。

综上所述，岭回归是对最小二乘法的改进，虽然放弃无偏性导致回归准度有所下降，但鲁棒性更强，当数据集存在共线性问题或者是病态数据过多时，其回归预测具有较高的实用性。

1.4.3.2　XGBoost

XGBoost[34]全称极端梯度提升（EXtreme Gradient Boosting），其出色的可扩展性和训练效率对许多机器学习和数据挖掘问题产生了广泛的影响。XGBoost 的基础算法是对 GBDT（梯度提升树算法）的改进，这使得 XGBoost 既可以解决回归问题，也可以用于分类问题。

XGBoost 是以 Boosting 为基础的集成学习算法。考虑到单一学习器性能的提升局限性较大，提升到后期的边际成本高，集成学习算法通过特定的策略和规则融合多个学习器来完成学习任务，在性能提升上比单一学习器更有优势。相较于 GBDT 算法，XGBoost 为了防止过拟合，对损失函数和目标函数做了二阶泰勒展开处理。XGBoost 的具体定义公式如下：

$$
\begin{aligned}
Obj^{(t)} &= \sum_{i=1}^{n} l(y_i, \hat{y}_i^t) + \sum_{i=1}^{t} \Omega(f_i) \\
&= \sum_{i=1}^{n} l(y_i, \hat{y}_i^{(t-1)} + f_t(x_i)) + \Omega(f_t) + \text{constant}
\end{aligned} \tag{1.1}
$$

公式中，$l(y_i, \hat{y}_i^t)$ 为损失函数，其误差值越小则预测质量越优；$\Omega(f_i)$ 表示正则项，正则项控制着模型的复杂度，函数值越小则复杂度越低，泛化能力越强。在确定二叉树结构的问题上，XGBoost 使用了贪心算法①，遍历所有特征的特征划分点。二叉树分裂算法的基本思想是通过求出分裂前某个值和分裂后某个值的差值从而得出增益。另外，为了防止过拟合的发生，XGBoost 平滑处理了正则项里叶子节点得分值的系数。这样，XGBoost 通过正则化与并行优化，不仅能防止过拟合还可以大大提高算法效率。

1.4.3.3 LightGBM

LightGBM(Light Gradient Boosting Machine)[35]是 2017 年由微软发布的一个基于 GBDT 算法的框架，它拥有良好的并行计算能力，在原理上选取了决策树的残差近似值作为损失函数的负梯度去拟合新的决策树。该框架的训练速度与内存消耗均优于 XGBoost，这主要源自三个算法的优化：

（1）Histogram 算法：减少候选分裂点数量

由于 XGBoost 中的预排序算法在计算分裂点时所用的时间过多，故 LightGBM 选择了直方图(Histogram)算法处理节点分裂问题。直方图算法的基本思路是将特征值进行装箱处理，形成多个 Bins。对于连续特征值而言，装箱处理就是特征工程中的离散化，而直方图算法不用保存预排序的结果，只需存储特征离散化的值，这极大降低了内存消耗。同时直方图算法不用每遍历一个特征值就计算一次分裂增益，计算成本也大幅降低。

（2）GOSS 算法：降低训练弱学习器的样本量

单边梯度采样(Gradient-Based One-Side Sampling，GOSS)是一种平衡数据量和目标函数增益计算复杂度的算法，它以样本梯度作为样本权重进行采样，在拟合损失函数的负梯度时，样本误差越小，梯度绝对值就越小，模型对样本的学习就越充分。GOSS 算法保留了梯度绝对值较大的样本，而只对梯度绝对值较小的样本进行采样，这种方法很好地平衡了计算的性

---

① 贪心算法(又称贪婪算法)是指在对问题求解时，总是做出在当前看来是最好的选择。

15

能和精度。

(3)EFB 算法：减少特征维度

互斥特征绑定(Exclusive Feature Bundling，EFB)算法可以在数据包含大量高维稀疏特征时，近乎无损地降低特征维数，从而大大降低计算复杂度。在许多应用场景下，数据集中的高维稀疏特征大部分样本取值为 0，只有少数样本取值为非 0。一般情况下稀疏特征不会同时取非零值，即有互斥性，因此可以对这些互斥特征重新进行编码并捆绑成为新的特征。类别特征经过 one hot 编码处理后，新生成的特征容易出现互斥，这样可以捆绑成一个特征，因此 LightGBM 可以直接将每个类别特征取值与 Bin 进行关联，从而自动处理，无需进行 one hot 编码处理。

1.4.3.4　Stacking

Stacking 是堆叠泛化[37](Stacking Generalization)的缩写，常用于回归分析和分类。Stacking 集成算法是将基分类器一个个堆叠起来形成第一层模型，然后在第一层模型的基础上，利用强分类器搭建第二层模型，以此类推，最终搭建成多层的训练模型。其中，强分类器的作用是集成学习上一层模型中基分类器的预测结果。Stacking 集成算法的一般思路是：

(1)利用 K 折交叉验证将训练集划分为 K 个部分，分别利用第一层 K 个基分类器进行学习和预测。

(2)将 K 个基分类器预测的结果进行整合作为第二层强分类器的输入。

(3)训练第二层强分类器，得到最终的模型。然后把测试集输入到模型，获得最终的训练结果。

Stacking 集成算法的框架如图 1.5 所示。

由于通过训练集得到的训练模型在对训练集的标签进行预测时存在过拟合的风险，故 Stacking 引入 K 折交叉验证来解决这一问题。以 5 折为例，首先对各个模型进行 5 次训练，每次训练保留一份样本用作训练时的验证，训练完成后分别对训练集和测试集进行预测。对于测试集，一个模型对应 5 个预测结果，并将这 5 个结果取平均。对于训练集，一个模型经过 5 次

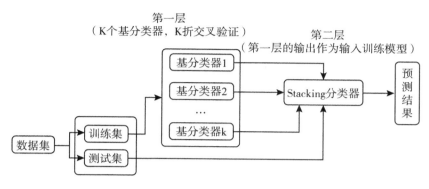

图 1.5　Stacking 集成算法框架图

交叉验证后，验证集数据都含有一个标签，整个数据集都增加了第一个单模型的预测结果作为新特征值，第一层有几个单学习器，就增加几个特征值，第二层将新增特征加入数据集作为新的训练集，选取一个训练模型作为次学习器进行训练，然后对测试集进行预测，得到最终结果。

1.5　PM2.5 浓度预测模型的研究与实现

1.5.1　实验数据来源及处理

1.5.1.1　数据来源

本研究的实验数据来源为 2017 年 9 月 DC 大数据竞赛"北京 PM2.5 浓度回归分析训练赛"的公开数据集①，其中包含两个原始文件，分别为用于模型训练的训练数据集和用于提交结果的测试数据集。两个原始文件 pm25_train. csv 和 pm25_test. csv 提供了所有特征项数据，其数据结构仅有一项不同。两个数据集包含了 2010 年至 2014 年共 5 年间逐时的天气及空气污

---

①　数据来源：https：//js. dclab. run/v2/cmptDetail. html？ id＝191。

染指数的数据，总共 43824 行。具体的原始数据如附录 A 表 A1 所示。

训练集各个字段以及字段相关说明如表 1.1 所示：

表 1.1　　　　　　　　　　　训练集主要字段说明

字段	含义	单位
No	行数标记	行
date	日期	日
hour	时刻	h
pm2.5	PM2.5 指数	$\mu g/m^3$
DEWP	露点	â„ƒ
TEMP	温度	â„ƒ
PRES	压强	hPa
cBwd	风向	m/s
Iws	风速	m/s
Is	降雪时长	h
Ir	降雨时长	h

测试集各个字段以及字段相关说明如表 1.2 所示：

表 1.2　　　　　　　　　　　测试集主要字段说明

字段	含义	单位
No	行数标记	行
date	日期	日
hour	时刻	h
DEWP	露点	â„ƒ
TEMP	温度	â„ƒ
PRES	压强	hPa
cBwd	风向	m/s

续表

字段	含义	单位
Iws	风速	m/s
Is	降雪时长	h
Ir	降雨时长	h

1.5.1.2 数据预处理

数据预处理的过程虽然十分耗时，但这是进行模型训练前不可或缺的一步。在数据能用于模型训练的前提下，模型性能的高低由数据的好坏决定，而正确的数据预处理能够明显提高模型的输出结果。数据预处理[38]主要包括以下几个步骤：

（1）数据完整性检验

数据的完整性检验是指检查数据的精确性以及可靠性是否符合预期、数据的时间序列是否连续。

（2）数据合理性检验

数据的合理性检验是指检查各项数据是否符合标准、取值范围是否合理，并剔除掉当中明显异常的数据。

（3）数据缺失与补齐

数据在少量缺失的情况下一般会采用线性补齐的方式，根据其缺失前后的数据值进行插补。

由于在采集、传输、储存的过程中无法避免人为因素的干扰而造成数据的丢失，所以在实际的 PM2.5 浓度数据中会有异常值以及缺失值。为了提高模型的准确性，我们需要对 PM2.5 的浓度数据进行预处理。

1.5.2 特征工程

在机器学习中，特征工程的重要度往往要高于模型的选择，用工业界流传的话来说，特征工程的优劣决定了机器学习的上限，而模型的选取与参数的调优，仅仅只是为了接近这个上限[7]。特征工程的本质是工程方面的内容，目的在于能够最大限度地从原始数据中提取特征。如果提取的特征足够优秀，即使用于一般的模型，或者模型不需要花太多的时间去调整参数，也可以达到不错的效果。总而言之，特征工程的最终目的就是要提高模型的预测精度。

根据对 PM2.5 数据集的分析和数据预处理情况，考虑到对特征进行合理处理可以提升模型的准确度，本研究中特征工程的主要工作如下：

1.5.2.1　特征分析

首先对数据集的特征进行整体性分析。由于初始数据涉及多维特征，影响最终预测结果的因素较多，且每个特征对于预测结果的影响程度也不相同，因此可以通过集成学习算法分析特征的重要度以及各个特征之间的关联度，从而确定特征处理中需要重点关注的特征，再对这部分特征进行分析。对于关联度较高的特征也需要进行处理，在模型训练过程中，如果关联度较高的特征过多，可能会导致训练结果过拟合。对于待预测的标签值，需要观察其数值分布，若数据分布不均匀可以对标签值进行划分处理后再做预测。

（1）特征分布

将 PM2.5 原始数据中除时间、日期以及标签 PM2.5 外的所有字段做统计分布处理，得到原始数据统计分布情况如图 1.6 所示。从统计结果可知：所有特征值都没做标准化处理，因此在后续特征处理中需要进行数据转换，使它们都分布在区间[−1，1]内。

在进行机器学习训练的时候，数据越接近正态分布越好，这样对训练效果会有明显的提升。从原始数据中 PM2.5 的分布情况和统计结果可知：PM2.5 浓度数值主要集中在 0-50 之间，最大值为 994，最小值为 0，总体上呈正偏态分布，具体的浓度频数分布情况如图 1.7 所示，其中横坐标是 PM2.5 的浓度，纵坐标是频次。考虑到随着社会经济的发展，人们愈来愈重视环保，环境问题得到了很大程度的改善，所以 PM2.5 数值里偏低的较多。

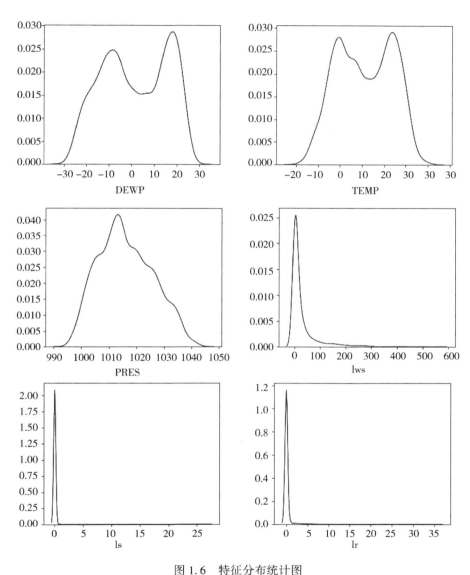

图 1.6　特征分布统计图

（2）特征相关性

这一步是计算两两特征之间的关系，然后将结果用 Heatmap（热力图）进行可视化展示。在图 1.8 中，颜色由浅到深代表特征之间的线性相关性

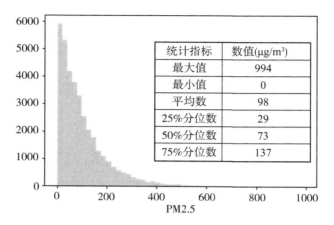

统计指标	数值($\mu g/m^3$)
最大值	994
最小值	0
平均数	98
25%分位数	29
50%分位数	73
75%分位数	137

图 1.7 PM2.5 浓度频数分布统计数据

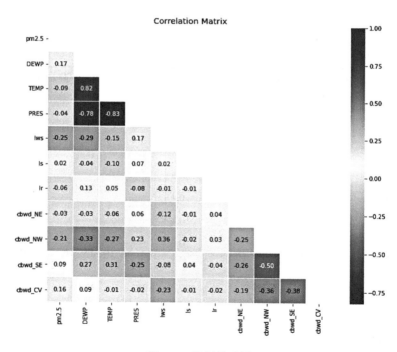

图 1.8 特征关系图

由高到低。该图表明各特征之间的关联度大部分都在 0.5 以下, 而观测时的温度和露点之间的相关性较高, 在 0.75 以上, 为了保证模型效果需要注意对这两个特征进行处理。

1.5.2.2 特征组合与筛选

特征组合也叫特征交叉, 通常采用相乘或者求笛卡尔积的方式来形成新特征。考虑到原始数据给定的特征值只有七个, 特征数量少而且不明显, 故需要生成一些额外的特征。研究采用特征多项式扩展的方式对特征进行组合, 这样特征乘积能够为模型带来非线性变换, 使得问题更加接近于线性, 从而提升模型的准确性。本研究中将七种数值类气象因子通过两两组合的方式形成新的交叉特征, 具体的代码实现如附录 A 源程序 A1 所示。

在上文特征相关性的分析中, 可以得知温度和露点的相关性最高。对这两项特征进行进一步分析, 如图 1.9 所示, 不难发现它们都和 PM2.5 呈正相关性。考虑到实际温度与露点温度①之差表示空气饱和度, 因此可以利用实际温度与露点温度的差值构造空气饱和度这一特征, 这个基于强特征构造的特征能够增加强特征对模型的影响, 提升模型的效果, 也能增加模型的可解释性。

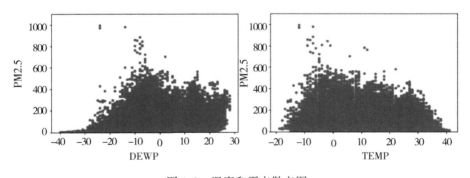

图 1.9 温度和露点散点图

① 露点温度是指在空气中水汽含量不变且保持气压一定的情况下, 使空气冷却达到饱和时的温度, 简称露点。

从上文的特征分析以及相关性分析中可以看出，PM2.5 和降雨、降雪两个特征间都没有明确的相关性，且它们的发生天数都集中在一个范围内，导致特征的区分度不高。为了降低特征的干扰，增加各特征之间的关联度，本研究将降雨天数和降雪天数相加，构造出降雨降雪天数特征来代替降雨天数和降雪天数特征。

考虑到新特征不一定都有效，而 XGBoost 有训练精准度高的优势，作为参考，实验部分调用了 XGBoost 模块中的 Plot_importance 函数来计算特征重要性。如图 1.10 所示，其中纵坐标代表每个特征的编号，横坐标表示特征重要性的分数，分数越高，特征对预测值越重要。从特征重要度的计

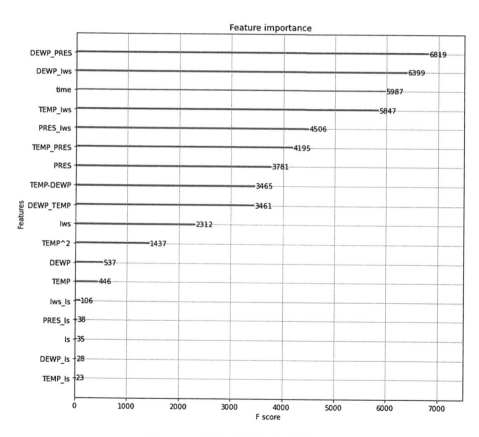

图 1.10　特征对预测值重要度排序

算结果来看，与 PM2.5 浓度相关度最高的是 DEWP_PRES 和 DEWP_Iws 两个组合特征，其次是时刻。从图中可以看出很多组合特征的重要度超过了原始特征，所以组合特征的方式是有效的，具体的特征组合代码实现如附录 A 源程序 A2 所示。

为了提高模型的准确度，特征还需要进行进一步的筛选，选择出最优的特征组合，以降低特征对模型结果的干扰。为了寻找模型训练的最优特征，将从最优的特征开始进行反复实验，每一次训练都在上一次的基础上加入新的特征，然后比较模型得分是否有提升，如果有提升则保留该特征。特征筛选流程如图 1.11 所示：

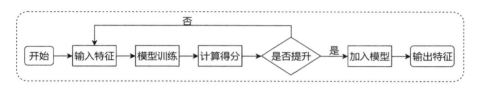

图 1.11　特征筛选步骤

经过多次训练发现，降雨对 PM2.5 浓度的影响很小，在各个时段的分布基本一致，具体实验结果如表 1.3，而风向因为随机性很大，对模型造成了很大的干扰。故在后面的实验设计中降雨和风向这两个原始特征将不加入训练，最终加入模型训练的特征值如表 1.4 所示：

表 1.3　　　　　　　　　　　降雨对 PM2.5 影响的实验结果

模型	R^2	MAE	是否加入降雨
LightGBM	0.92798	14.52479	是
XGBoost	0.96188	11.68185	是
GBDT	0.96751	11.26500	是
LightGBM	0.92789	14.52479	否
XGBoost	0.96178	11.51787	否
GBDT	0.96561	11.42821	否

表 1.4　　　　　　　　　　　　　　　**最优特征组合**

特征名	备　注
time	时刻
DEWP_PRES	露点与压强交叉特征
DEWP_Iws	露点与风速交叉特征
TEMP_Iws	温度与风速交叉特征
TEMP_PRES	温度与压强交叉特征
PRES	压强
TEMP-DEWP	温度与露点的差值(空气距离饱和的程度)
TEMP_DEWP	温度与露点交叉特征
Iws	风速
TEMP^2	温度的平方

1.5.3　模型研究与实现

　　模型设计主要分为基础模型的选择和模型融合设计两部分。考虑到集成学习算法对于基分类器的要求，本研究选择了 LightGBM、XGBoost 和 Ridge 算法分别搭建基础预测模型，将经过清洗的数据输入各个模型训练，得到的结果参照预测结果(Base)，再根据特征工程和调参来提升基础模型的性能。接着将训练提升后的基础模型用 Stacking 完成模型融合，根据最优的预测结果确定最终的预测模型。

1.5.3.1　网格搜索与 K 折交叉验证

　　交叉验证(Cross Validation)常与网格搜索(Grid Search)组合在一起[39][40]作为一种参数评估的方法。简单来说，网格搜索法就是对每一种可能的参数组合进行训练，对比评估之后用于超参数的选择，而交叉验证是为了评估当前使用的超参数的好坏而进行训练。具体的代码实现如附录 A 源程序 A3 所示。

（1）网格搜索算法

网格搜索法是一种穷举搜索法，它将所有候选的参数进行随机组合，然后将每种组合用于模型训练以完成循环遍历，最后使用交叉验证进行性能评估。在拟合函数尝试了每一种可能性后，会返回一个表现最好的参数组合。

在启发式算法盛行的当下，网格搜索算法[54][55]仍然是一种可以与之相比较的算法，足以说明其拥有许多启发式算法所不具备的优点：在所需确定的参数数量较少的情况下，网格搜索算法在运算复杂度上往往非常出众，相较众多启发式算法也不遑多让；网格搜索算法的并行性高，这得益于每一组参数之间是相互独立没有联系的，因此可以在规定的区间内从初始位置开始同时向多个方向搜索。

（2）K折交叉验证

K折交叉验证（K-Cross-validation）[41]是常用于数据挖掘的重采样技术，主要用于模型选择和估计模型训练过程中的预测误差。一般来说，交叉验证是通过将数据集 U 划分为训练集 T 和验证集 V 两部分，以此来完成模型训练以及模型性能验证。由于验证数据集 V 中预测变量的实际值是已知的数据，所以可以采用一个性能度量来定义交叉验证，例如 MSE，用这种方法来估计模型所达到的精度。其中，模型预测误差估计的工作必须在验证集 V 的数据点上进行，以防止过度拟合。当模型非常适合训练数据时，训练数据就会发生过度拟合，从而导致当它被用来预测在拟合阶段不存在的新实例时，泛化能力很差。

K折交叉验证的主要过程：首先将数据集划分为 K 个均等的数据子集（U_1，$U_2 \cdots U_k$）；定义 U_k 为第 K 折的验证集，$U^{(-k)} = U - U_k$ 为第 K 折的训练集；然后调用学习算法，用 $U^{(-k)}$ 作为训练集拟合一个模型 $f^{(-k)}$，并计算其在第 K 折的预测误差；最后重复上述的步骤。其中，k = 1，2$\cdots$k。

由于 K 的取值会影响交叉验证中误差评估的结果，我们可以通过改变 K 的取值来减少误差。本研究将选用 5 折交叉验证，下面给出训练过程示意图：

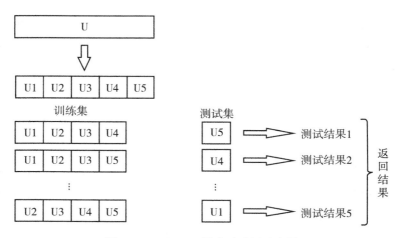

图 1.12　K(K=5)折交叉验证示意图

1.5.3.2　模型评估指标

本研究的 PM2.5 浓度预测问题本质上是一个回归预测问题，对于此类问题，常见的模型评估指标有决定系数 R^2、平均绝对误差 MAE 和均方根误差 RMSE[42]。因此，本研究选择这三个指标来论证模型的好坏。具体介绍如下：

（1）决定系数 R^2（R-Square）

决定系数 R^2 又称拟合优度，取值一般在 0～1 之间，且 R^2 越接近 1，说明模型效果越好，越接近 0，说明模型效果越差。如果 R^2 小于 0，则说明预测算法不如基础算法。R^2 的计算公式如下：

$$R^2 = 1 - \left(\sum_{i=1}^{n} (\hat{y}_i - y_i)^2 \right) / \left(\sum_{i=1}^{n} (\bar{y}_i - y_i)^2 \right) \qquad (1.2)$$

其中，n 表示数据的个数，y_i 表示评估预测的结果，$\bar{y}_i$ 表示的是预测结果的平均值，$\hat{y}_i$ 为真实值。R^2 不会受到因变量和自变量绝对值大小的影响，利于在不同模型之间进行相对比较，衡量其好坏程度，因此本研究选取 R^2 作为模型预测效果的评估指标之一。

（2）均方根误差 RMSE（Root Mean Squard Error）

均方根误差 RMSE 是将真实值和预测值之间的误差进行平方、求和、平均、开方后的结果。RMSE 越小，说明真实值和预测值越接近，算法精度越高；RMSE 越大，说明真实值和预测值相差越大，算法精度越低。RMSE 的计算公式如下：

$$RMSE = \sqrt{\frac{1}{n}\sum_{i=1}^{n}(y_i - \hat{y}_i)^2} \qquad (1.3)$$

其中，n 表示数据的个数，y_i 表示实际观测值，$\hat{y}_i$ 表示预测值。RMSE 是在误差值平方和的平均值上做了开方处理，更能反映实际值与预测值之间的误差，因此本研究选取 RMSE 作为模型预测效果的评估指标之一。

（3）平均绝对误差 MAE（Mean Absolute Error）

平均绝对误差 MAE 表示预测值和观测值之间绝对误差的平均值，MAE 越小，说明真实值和预测值之间的误差越小，模型准确率越高。MAE 的计算公式如下：

$$MAE(y, \hat{y}) = \frac{1}{n}\sum_{i=1}^{n}|y_i - \hat{y}_i| \qquad (1.4)$$

其中，n 表示数据的个数，y_i 表示实际观测值，$\hat{y}_i$ 表示预测值。平均绝对误差可以准确衡量实际误差的大小，避免发生误差互相抵消而导致评估结果不准确的情况，因此本研究选取 MAE 作为模型预测效果的评估指标之一。

1.5.3.3 单模型实验及结果验证

在进行单模型实验时，本研究首先选取了传统的决策树、SVR、随机森林、XGBoost、LightGBM 等模型[43][44]进行比较，综合考虑了各个指标，分析表明 XGBoost、LightGBM 等集成学习模型的预测效果明显优于传统模型。接着，研究使用了特征工程和模型调参来提升单模型的性能。单模型的实验设计如图 1.13 所示，根据选择的单模型，分别调用这些算法的训练模块，其中使用初始数据集和参数集进行训练得到的初始参照结果为 M_Base，使用经过特征工程处理后的数据集和经过参数调优后的参数集进行训练得到的模型提升后的结果为 M_per，我们将这些结果保留用于模型效果评估。具体的模型定义代码实现如附录 A 源程序 A4 所示。

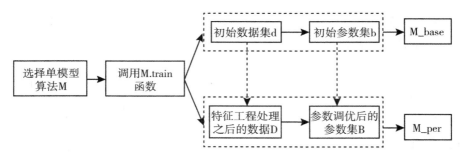

图 1.13　单模型设计图

根据上述实验设计，以 LightGBM 为例，调用相关包中的 lgB. train 方法建立基于 LightGBM 的单模型：首先根据经验和实际情况确定初始参数，并训练模型输出预测结果 lgB_Base；然后根据特征工程的结果选择进入模型训练的特征，再通过对比各参数对模型预测结果的影响进行参数调优，确定最终的模型，最后使用 K 折交叉验证（K = 5）完成建模并输出评估结果。其中_Base 对应初始模型，_per 对应经过模型调优后最终确定的模型。

单模型训练后的各项评估指标如表 1.5 所示，可以看出经过特征工程和参数调优后，单模型的效果均有不同程度的提升。其 LightGBM 模型在调参后效果最佳，R^2 达到了 0.891，而 XGBoost 和 Ridge 模型的 R^2 也都超过了 0.87。

表 1.5　　　　　　　　　　　　单模型的评估指标

模型	R^2	RMSE	MAE
lgB_per	0.891	61.841	14.614
xgB_per	0.884	65.144	14.621

续表

模型	R^2	RMSE	MAE
rd_per	0.873	71.676	14.637
lgB_Base	0.863	83.451	14.716
xgB_Base	0.857	87.245	14.914
rd_Base	0.843	91.620	14.956

（1）融合模型实验及结果验证

模型融合的实验设计如图 1.14 所示，根据 LightGBM、XGBoost、Ridge 算法分别构造单模型作为基学习器，组成 Stacking 融合模型的第一层模型[45][46][47]。在次学习器的选择上，考虑到简单的回归类模型能减少模型过拟合的问题[48][49]，所以选择回归模型中的鲁棒性回归和贝叶斯线性回归作为次学习器，并将 LightGBM 作为对比的次学习器。基学习器和次学习器均采用 5 折来划分数据集进行训练。在第一层模型中，以 LightGBM 为例，每次训练完后会生成一个 lgb_i，一共训练 5 次，最后会得到一个预测结果 cof_lgB，同理 XGBoost 和 Ridge 的输出结果分别为 cof_xgB 和 cod_rd。接着将这三个输出结果与待预测数据集 D 合并，得到的新的数据集 M 作为次学习器的训练集输入，然后分别选择三种次学习器生成 Stacking_HuBer、Stacking_Bayesian 和 Stacking_lgB 三种融合模型，最后根据评估结果确定最终的预测模型。具体的模型定义和模型融合代码见附录 A 源程序 A5 和源程序 A6。

根据模型实验设计，本研究利用 LightGBM、XGBoost 和 Ridge 算法构建了单模型，然后通过 Stacking 融合算法构建了两层 Stacking 融合模型。Stacking 模型训练完成后的结果如表 1.6 所示，可以看出选择 HuBer 作为次级学习器的效果最优，R^2 达到了 0.931。而 Bayesian 和 LightGBM 作为次级学习器的模型训练效果虽然不如 HuBer，但 R^2 也均超过了 0.9，比单一模型的 R^2 要高。

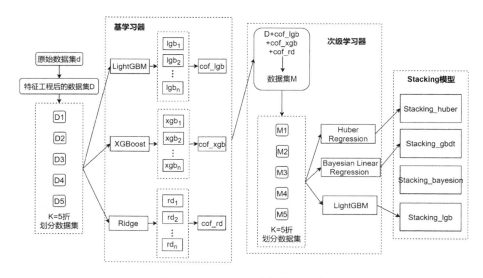

图 1.14　Stacking 融合模型设计

表 1.6 **Stacking 模型训练评估值**

模型	R^2	RMSE	MAE
Stacking_HuBer	0.931	54.627	14.537
Stacking_Bayesian	0.917	57.447	14.575
Stacking_lgB	0.904	59.451	14.609

（2）模型性能分析

综合之前的实验，各实验的结果如表 1.7 所示。可以看出，Stacking 融合对于模型性能的提升较为明显，三种 Stacking 模型的准确性均高于单模型。Stacking 框架集成了这四种算法的最优预测结果，在保证基学习器的差异化和准确性的前提下，融合模型比各个单模型有更强的非线性表述能力，泛化误差更少[50]。其中性能最好的是模型 Stacking_HuBer，它选择鲁棒性回归作为次学习器，而为了避免出现过拟合问题的产生，第二层选择了较为简单的回归模型。相比于逻辑回归、贝叶斯回归等方式，鲁棒性回归对于数据集中的误差以及离群点问题都有更好的容错性，能够提高模型的稳定度，从而获得较好的预测效果。

选择贝叶斯线性回归作为次学习器的模型 Stacking_Bayesian 效果也不错，贝叶斯回归对数据有自适应能力，可以避免过拟合的问题。本实验中的数据量不大，减少过拟合对于提高结果精度很有帮助。

性能最差的是模型 Stacking_lgB。该模型以 LightGBM 作为次学习器，其效果明显不如另外两个 Stacking 融合模型。造成这一结果的原因主要有两点：（1）次学习器在选择上要尽量避免与基学习器相同或相似的算法，Stacking 的优势来自不同学习器对于不同特征的学习能力，并能将它们有效地结合起来，重复选取相同的学习器反而不会显著提高最后的预测结果；（2）在特征提取的过程中，我们已经使用了复杂的非线性变换，因此在第二层进行模型训练时不需要使用复杂的学习器，LightGBM 作为单学习器性能强大、效果最好，但是作为次学习器会增加过拟合的风险，由于本研究的实验数据集不大，如果出现过拟合的情况会导致结果提升困难。

最后从单模型的效果上，可以看出经过特征工程和模型调参后的模型效果均有不同程度的提升，其中 LightGBM 模型的提升效果最好。

表 1.7　　　　　　　　　　　**Stacking 模型评价指标**

模型	R^2	MSE	MAE
Stacking_HuBer	0.931	54.627	14.537
Stacking_Bayesian	0.917	57.447	14.575
Stacking_lgB	0.904	59.451	14.609
lgB_per	0.891	61.841	14.614
xgB_per	0.884	65.144	14.621
rd_per	0.873	71.676	14.637
lgB_Base	0.863	83.451	14.716
xgB_Base	0.857	87.245	14.914
rd_Base	0.843	91.620	14.956

通过本节对单模型和融合模型的实验结果的对比分析，可以看出实验结果基本符合最初设计的预期。本实验对模型性能的提升主要围绕以下两个方面进行：一是单模型的性能提升，这是通过特征工程、参数调优等方式来完成，从实验结果可以看出，相较于各单模型的输出结果，模型经过调优后性能都有明显提升；二是通过 Stacking 融合的方式提升模型性能，从实验结果可以看出，Stacking 融合模型的性能高于任何一个单模型。模型性能的提升对后续 PM2.5 浓度智能预警系统的建设有重要意义，性能提升后的预测模型可以更准确地反映 PM2.5 的浓度状况，减少预测误差，提高预警系统的整体质量，为用户提供更精确的 PM2.5 浓度数据。

1.6 PM2.5 污染智能预警系统分析与设计

1.6.1 系统需求分析

在基于集成学习算法的 PM2.5 浓度预测模型的基础上，本研究运用 Django 框架设计并实现了基于 Stacking 集成算法的 PM2.5 浓度智能预警系统。

1.6.1.1 功能性需求分析

通过对系统的应用场景分析可知本系统需要实现以下六个功能需求：

（1）登录注册需求

登录注册需求是系统最基本的需求，用户在完成注册后，用户数据将被保存在数据库中，之后用户可以通过输入账号密码来登录系统。

（2）数据采集需求

系统应该能够采集实时的 PM2.5 数据，能够导入相关气象数据，并将数据保存在数据库中。数据在系统中能够以图表的形式展示出来，使得用户能够方便地对数据进行对比分析。

（3）浓度预测需求

浓度预测功能主要是指系统能够根据未来的气象数据对 PM2.5 的浓度进行预测。系统利用用户上传的历史气象数据进行模型训练，并将训练完成后的模型保存下来，然后用新上传的未来气象数据对 PM2.5 的浓度进行预测，预测结果可以在系统界面展示出来，还可以根据日期查询不同时间的 PM2.5 预测浓度。PM2.5 浓度预测需求是整个系统的核心需求点。

（4）风险预警需求

订阅用户可以享受预警服务，当 PM2.5 的预测浓度超过系统设置的危险值时，系统会向用户发送预警信息。

（5）历史数据查询需求

通过登录用户的 id 可以查询用户上传的气象数据以及预测过的 PM2.5 浓度数据，并以图表的形式进行展示，帮助用户对比分析气象数据和 PM2.5 数据。

1.6.1.2　非功能性需求分析

系统的非功能性需求分析是一个系统生命周期中不可或缺的环节，非功能性需求的好坏决定了用户体验的好坏，是评价系统好坏的重要因素。下面分别从系统的安全性、稳定性、可维护性、可扩充性和兼容性五个方面进行分析。

（1）系统的安全性

安全性是指系统规避风险和应对风险的能力，系统的安全性一般包括程序安全、系统安全、数据安全。程序安全是指程序不存在安全漏洞；系统安全是指系统整体的安全性，不存在非法用户访问等情况；数据安全是指数据库的安全性，例如不同角色的用户是否有不同的访问权限等。

（2）系统的性能

系统性能包括对时间、精确度和资源利用率的要求等。不同类型的系统对性能的要求有所不同，本系统中主要是对完成预报的时间以及响应时间作出要求。响应时间是指用户从点击页面开始到完整的界面展现出来为止所感受到的等待时间，包括服务器端响应时间、客户端响应时间和网络延迟时间三个部分，响应时间过长会影响用户的使用体验。

（3）系统的易用性

系统的易用性是交互的适应性、功能性和有效性的集中体现，即在指定条件下使用时，系统被用户理解、学习、使用的情况和吸引客户的能力，用户使用系统的效率以及对系统的接受情况反映了系统的易用性。

（4）系统的界面需求

系统的界面需求是指用户的直观感受，即界面给人的感觉是否美观、舒适，用户的交互体验是否良好。不同的系统需要传达给用户的感受有所不同，例如在政府部门的网站中要体现出严谨、严肃、庄重氛围，而在购物网站中展示给用户轻松愉悦的心境更为重要，本系统则需要要体现出科学严谨的氛围。

1.6.2　系统框架设计

PM2.5 污染智能预警系统是基于 Python 语言进行编程开发的，其数据库采用的是关系型数据库 MySQL。系统架构设计如图 1.15 所示：

客户端、服务端和数据库三部分组成了系统整体的框架，其中客户端与服务端通过 URLconf 进行交互，服务端通过调用与数据表一一对应的 Model 进行数据库操作，客户端页面的展示部分使用 Bootstrap 框架实现，服务端使用 Django 框架实现。

Django 是 Python 语言的 Web 框架，具有 MVT 模式结构、强大的数据库和后台管理功能等特性，在使用 Python 语言进行 Web 开发的开发者中广泛使用。其工作流程遵循 MVT 模式，先由 URLconf 接收用户的所有请求，再根据事先的配置，将不同的请求交给对应的 View 模块进行处理；View 部分则在完成业务逻辑处理后调用相应的 Model 去进行数据库操作，再调用对应的展示模版 Template 将最终的处理结果展现给用户。这样明确清晰的开发框架十分适合应用于本系统。

Django 中的核心模块包括：

（1）路由系统

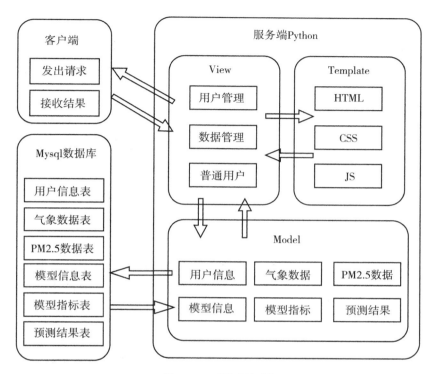

图 1.15 系统框架图

该部分即 URLconf，其本质上是 Web 系统中包含网址的入口合集，是每个 URL 与其对应视图函数间的映射表。通过在 URLconf 中的这种映射关系，系统可以来调度响应用户的请求。

（2）模型

模型与数据库有关，是对数据的一个抽象层，用来构建、管理该 Web 程序所需要用到的数据。通过模型与数据库表的对应，可以帮助开发者更方便地完成数据库的交互操作。

（3）视图函数

视图函数从 urls.py 映射而来，与相关的 URL 对应，用于处理用户所请求的业务。对于经过其处理得到的结果，是以传递的方式交给对应的模板 Template 在网页上渲染，展示给用户。

（4）模板

模板即 views. py 文件中由函数渲染出来的 HTML 文件，通过视图函数的结果调用来向用户展现动态网页，而无需关心中间的业务处理过程，这样就可以通过缓存技术来提高展现速度。

此外，Django 还包括能够提供数据输入、验证及自动生成相应输入框功能的 Form 模块，用于快速开发后台管理系统及权限系统的 Admin 与 Auth 模块，以及用于在特定阶段时触发相应操作的信号机制等，这些由框架提供的开发功能可帮助开发者更好、更快捷地完成开发工作。

1.6.3　系统功能设计

PM2.5 污染智能预警系统一共分为五个功能模块，分别是数据推送模块、数据分析模块、浓度预测模块、信息统计模块以及预警模块。系统总体的设计如图 1.16 所示：

（1）数据推送模块

在数据推送模块中，主要解决的问题是推送的内容以及推送的时间。PM2.5 浓度预测需要考虑 PM2.5 浓度的波动性与不稳定性，以及气象因素对 PM2.5 浓度的影响。因此，数据推送模块推送的信息主要有气象数据和实际 PM2.5 浓度数据。

（2）数据分析模块

数据分析模块的作用是提高用户在使用系统时的效率，让用户能更直观地观察数据信息。信息展示部分主要是用图标的形式展示数据信息，同时可以对不同的数据进行对比分析，以此提高用户在预测 PM2.5 浓度时的工作效率。

（3）浓度预测模块

浓度预测模块是 PM2.5 浓度预测系统的核心模块，它会将气象数据与 PM2.5 数据结合起来进行运用。该模块主要是将气象数据输入到 PM2.5 浓度预测模型中，实现对 PM2.5 浓度的预测，然后计算出预测模型的 R^2 等

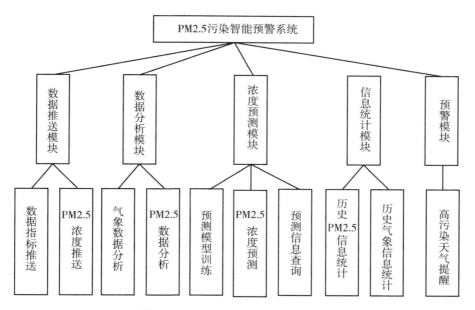

图 1.16 PM2.5 浓度预测系统框架图

三个评价指标,作为衡量模块预测性能的标准。

(4)信息统计模块

信息统计模块是 PM2.5 浓度预测系统的数据管理模块,用户可以根据自身需求获取相关的历史数据信息,包括气象因素数据、实际 PM2.5 浓度数据、预测 PM2.5 浓度数据等。

(5)预警模块

预警模块能够在 PM2.5 的预测浓度超过系统设定的危险值时,向订阅用户发送警示通知以及出行建议。

1.6.4 数据库设计

一个完整的系统少不了数据库的存在,其作用是存储管理系统中的数据信息。PM2.5 污染智能预警系统中需要存储和管理的数据有用户信息、气象数据信息、PM2.5 数据信息、模型信息、预测误差信息和预测结果信息。本研究的系统数据库采用 MySQL①，主要的数据表如下：

（1）用户信息表

用户信息（User_info）表记录了能够登录进入系统的用户的基本信息，包括用户姓名、编号、账号、密码等，具体设计如表 1.8 所示：

表 1.8   **用户信息表**

字段名	说明	数据类型	是否允许为空	主外键
id	编号	int	否	主键
uid	账号	int	否	
pwd	密码	varchar	否	
root	权限	int	否	
fid	文件编号	int	否	

（2）气象信息表

气象信息（Climate_info）表详细记录了预测 PM2.5 的各项因素的具体数值，包括风速、风向、温度和大气压等，具体设计如表 1.9 所示：

表 1.9   **气象信息表**

字段名	说明	数据类型	是否允许为空	主外键
pm_id	文件编号	int	否	主键
time	时间	datatime	否	
DEWP	露点	float	是	
TEMP	温度	float	是	
PRES	大气压	float	是	
cBwd	风向	varchar	是	

---

① MySQL 是一种关系数据库管理系统，因其体积小、速度快的特点，可以满足系统中对于数据关联和存储的要求。

续表

字段名	说明	数据类型	是否允许为空	主外键
Iws	风速	float	是	
Is	累积雪量	float	是	
Ir	累积雨量	float	是	

（3）PM2.5浓度预测表

PM2.5浓度预测（PM2.5_forecast）表记录了登录用户预测的PM2.5浓度。在实际应用中为了方便比较，设计将PM2.5浓度的实际值也存入该表，由于实际值是后来观测写入的，允许为空值。具体设计如表1.10所示：

表1.10　　　　　　　　　　　**PM2.5预测表**

字段名	说明	数据类型	是否允许为空	主外键
f_id	文件编号	int	否	主键
time	时间	datatime	否	
realcon	实际PM2.5浓度	float	是	
forecastcon	预测PM2.5浓度	float	否	

（4）预测误差表

预测误差（Error_forecast）表记录了PM2.5浓度的预测值和真实值之间的误差，包括决定系数R^2、均方根误差RMSE和平均绝对误差MAE等，具体设计如表1.11所示：

表1.11　　　　　　　　　　　**预测误差表**

字段名	说明	数据类型	是否允许为空	主外键
e_id	编号	int	否	主键

续表

字段名	说明	数据类型	是否允许为空	主外键
time	时间	datetime	否	
R^2	决定系数	float	否	
MAE	平均绝对误差	float	否	
RMSE	均方根误差	float	否	

1.7 PM2.5 污染智能预警系统实现与测试

1.7.1 系统开发环境与工具

本系统是以 Python 作为开发语言，以 Pycharm 作为开发工具并采用 MySQL 数据库进行开发的基于 B/S(浏览器/服务器)模式的 PM2.5 污染智能预警系统。它通过浏览器访问服务器，当用户从页面提交请求时，服务端接收请求并作出响应，将结果传回浏览器展示给用户。本系统具体的开发环境如表 1.12 所示。

表 1.12　　　　　　　　系统开发环境表

硬件环境	操作系统：Windows10(64 位)
	CPU：Intel(R) Core(TM) i5-7300HQ CPU @ 2.5GHz
	系统内存：16.00G
	GPU：NVIDIA GeForce GTX 1050 Ti
软件环境	数据库：MySQL8.0.23
	开发工具：Pycharm2020.2
	开发语言：Python3.6.5

1.7.2 系统功能实现

这部分主要对系统开发涉及的模块进行展示，包括：登录注册模块、用户管理模块、历史数据管理模块、预测模块、分析模块和预警模块。

（1）登录注册模块展示

该模块实现了系统的基本功能，用户可以在页面进行快速登录与注册，如图 1.17 所示：

图 1.17 系统登录界面

（2）用户管理模块展示

在用户管理模块中，系统管理员为超级用户，可以对用户进行添加、删除以及权限修改的操作，如图 1.18 所示。

（3）历史数据管理模块展示

历史数据管理模块的主要功能为 PM2.5 相关数据的上传，如图 1.19 所示。用户在登录进入系统后，首先需要在系统中下载指定的数据模板，通过模板批量导入数据，从而进行进一步的分析处理。

（4）数据分析模块展示

43

图 1.18　用户管理界面

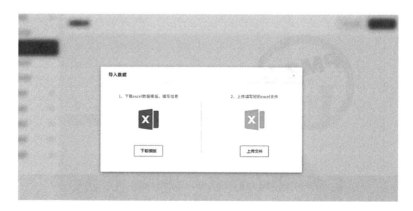

图 1.19　上传文件界面

数据分析模块接收到用户上传的 PM2.5 相关数据后，其他用户可以通过该界面查看这些数据。系统以折线图的形式展示一定时间内的数据情况，横坐标为时刻，纵坐标为对应的研究数据，点击上方的日期还可以从下拉框中选择历史日期进行查看，在该界面中还可以选择查看不同的气象因子来进行进一步的研究，如图 1.20 所示。

（5）预测模块展示

预测模块的功能是接收已处理好的 PM2.5 数据，然后交由具体的模型进行预测分析。在此处采用前面讨论的最优 Stacking 融合模型，通过

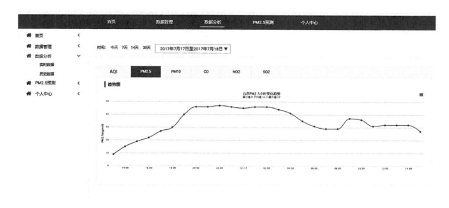

图 1.20　数据分析界面

joBliB 模块的 dump 方法从本地调用。用户选择需要预测的文件点击预测按钮，系统即在后台调用最佳模型进行预测，之后用户可在数据分析模块进行分析。此外，点击预测所有即可批量预测，用户可下载 csv 格式的预测结果。图 1.21 和图 1.22 分别展示的是系统的预测界面和预测结果。

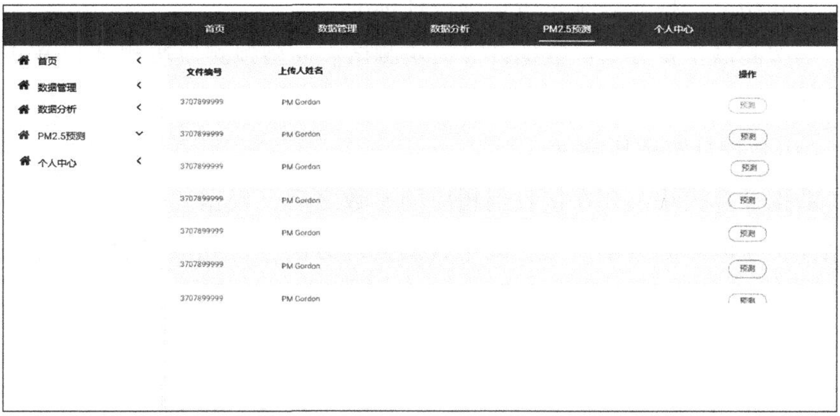

图 1.21　PM2.5 预测界面

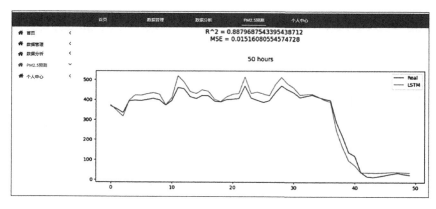

图 1.22　预测结果

1.7.3　系统测试

系统测试是系统设计开发的重要一环，在正式发布和使用之前，对系统进行详细而全面的测试是必不可少的。开发人员会根据测试结果对系统进行调试和修改，使其满足用户的需求。本研究的系统测试主要使用黑盒测试，即从用户角度出发，分别使用有效输入和无效输入来测试整个系统的界面和功能，检验系统是否达到设计标准。

本次测试主要分为：数据计算模块测试、模型预测模块测试和 Web 服务端功能测试。

（1）数据计算模块测试

数据计算模块需要在接收到相应的参数之后，根据接收到的参数查询数据库，获取基础数据，然后调用数据处理方法，得到最终的特征表。测试用例如表 1.13 所示。

（2）模型预测模块测试

模型预测模块在接收到特征表之后，需要调用已经训练好的机器学习模型，获取最终的 PM2.5 浓度。具体测试用例如表 1.14 所示。

表 1.13   **数据计算模块测试结果**

测试内容	数据计算模块测试
测试目的	验证数据计算模块在接收到参数之后能否正常运行
预置条件	系统能正常获取数据库的数据
测试步骤	数据计算模块需要在接收到相应的参数之后，根据接收到的参数查询数据库，获取基础数据，然后调用数据处理方法，得到最终的特征表
预期结果	数据计算模块正常运行，结束之后能返回特征表
测试结果	符合预期

表 1.14   **模型预测模块测试结果**

测试内容	模型预测模块测试
测试目的	验证模型预测模块能否正常运行，得到 PM2.5 浓度
预置条件	系统能正常获取特征表
测试步骤	运行数据计算模块得到特征表，调用机器学习模型计算 PM2.5 浓度
预期结果	能正常得出 PM2.5 浓度
测试结果	符合预期

（3）Web 服务器端功能测试

Web 服务端的接口较多，选择部分核心接口进行测试。

①查询预测结果

用户在页面上点击查询预测结果之后，系统需要在数据库中查询预测结果，并将结果展示在页面上。具体测试结果如表 1.15 所示。

表 1.15   **预测结果查询功能测试结果**

测试内容	预测结果查询功能测试
测试目的	验证系统能否提供 PM2.5 的预测结果
预置条件	系统正常部署和运行

续表

测试步骤	用户在页面上点击预测结果查询按钮，然后检查页面能否正确显示 PM2.5 浓度的预测结果
预期结果	页面正常显示预测结果
测试结果	符合预期

②上传数据文件

用户在页面上点击查询预测结果之后，系统需要在数据库中查询到预测结果，并将结果展示在页面上。具体测试结果如表 1.16 所示。

表 1.16　　　　　　　　　　**数据文件上传功能测试结果**

测试内容	数据文件上传功能测试
测试目的	验证系统能否正常上传数据文件
预置条件	系统正常部署和运行
测试步骤	用户上传数据文件，然后检查数据库中是否接收储存了该文件
预期结果	数据文件正常储存到数据表
测试结果	符合预期

③删除气象数据和预测数据

用户在完成上传文件和模型预测后，可以删除上传的数据文件。系统处理后，该文件及对应的预测结果文件不会再在前端页面中显示。具体测试结果如表 1.17 所示。

表 1.17　　　　　　　　　　**删除数据文件功能测试结果**

测试内容	数据文件删除功能测试
测试目的	验证系统能否删除用户的历史数据文件
预置条件	系统正常部署和运行

测试步骤	用户在完成预测工作后，在前端页面选择删除数据文件，然后检查数据库中该文件是否存在
预期结果	数据文件正确删除，相应数据表中的记录为空
测试结果	符合预期

④测试结果

按照上述测试的流程和方法，本研究对系统进行了详细测试，测试结果表明系统的前端界面友好、操作简单、兼容性良好，基本能满足用户需求。

1.8 小结与展望

空气质量预测是当下的研究热点之一，利用历史数据高效准确地预测未来一段时间的 PM2.5 浓度对空气污染防控具有重要的指导意义。本研究在深入探索机器学习及其他相关技术的基础上，针对 PM2.5 浓度预测的多参数交互影响的特点，借助目前研究中比较成熟的三种机器学习算法开展实验，并利用 Stacking 集成算法进行融合性优化，构建出高精度的 PM2.5 浓度预测模型。同时，研究还以北京市 2010 年至 2014 年的气象数据作为对象进行实例验证，证明了所创建的方法的有效性。最后本研究以模型预测结果作为数据支撑，设计并实现了 PM2.5 污染智能预警系统。本研究工作总结归纳如下：

（1）首先对 PM2.5 浓度预测的背景和国内外的研究情况做了调研，查阅了大量文献资料，了解了 PM2.5 的组成以及形成原理，然后学习了常用于 PM2.5 浓度预测的算法模型的基本原理以及系统开发所需的相关理论技术。

（2）为了解决现有的 PM2.5 浓度预测模型步骤繁杂、精度不足等问题，本研究选取了北京市作为研究对象，以北京市 2010 年至 2014 年共 5

年的空气质量监测数据为基础，对其进行了特征相关性分析以及特征重要度分析。然后采用特征多项式扩展的方式对特征进行组合，以生成新的特征。接着运行 XGBoost 算法的特征重要度模块对新产生的特征进行粗筛选，再用穷举验证法对剩下的特征进行细筛选，从而确定最优的输入特征组合。针对 PM2.5 浓度预测的多参数交互影响的特点，本研究借助目前研究中比较成熟的三种机器学习算法，探索利用 Stacking 集成算法进行融合性优化，同时运用网格搜索法和交叉验证对模型进行参数调优。最终的实验结果显示，模型的 R^2 均在 0.9 以上，RMSE 均在 $50\mu g/m^3$ 以上，MAE 均在 $14\mu g/m^3$ 以上，表明模型的预测能力优秀。

（3）基于模型的实验结果，本研究结合 Web 开发技术的 Django 框架，对 PM2.5 污染智能预警系统进行了需求分析与系统设计，并完成了系统的开发工作。该系统实现了数据的自动化采集与分析，用户可以对历史气象数据与预测数据进行管理，并配有预测模块进行 PM2.5 浓度的预测，在 PM2.5 浓度超过系统设置的阈值时，预警模块还会给用户发送信息通知。最后对系统进行了全面测试，测试结果表明系统实际运行效果良好，PM2.5 浓度预测精度符合用户需求，验证了研究的应用价值。

本研究通过实验验证了 Stacking 集成算法在 PM2.5 浓度预测中能得到较好的模型，同时设计的 PM2.5 污染智能预警系统也通过了功能性测试和非功能性测试，能够满足用户的需求。但是由于研究时间和能力的不足，本研究还存在一些问题有待完善：

（1）研究使用的原始数据仅包含了气象数据，在后续的研究中可以考虑同为污染物的 SO_2、O_3 等，研究这些污染物与 PM2.5 浓度的关系，扩展模型输入特征的丰富度。

（2）PM2.5 浓度预测问题是一个带有时间序列属性的问题，而本研究采用的机器学习模型缺乏时间记忆类的，后续研究中可以尝试加入如 RNN、LSTM 等由时间记忆网络构成的模型。

参考文献

［1］WuJ., Zhang P., Yi H., et al. What causes haze pollutin？ an empirical study of pm2. 5 concentrations in chinas cities［J］. Sustaina Bility, 2016, 8 （2）：132.

［2］孙璐. 城市空气质量监管政策比较分析［D］. 陕西：长安大学, 2017.

［3］董战峰, 郝春旭, 李红祥, 等. 2018 年全球环境绩效指数报告分析［J］. 环境保护, 2018, 46（07）：64-69.

［4］Ma H., Shen H., Liang Z., et al. Passengers' Exposure to PM2. 5, PM10, and CO_2 in Typical Underground SuBway Platforms in Shanghai［J］. Lecture Notes in Electrical Engineering, 2014, 261：237-245.

［5］王辉, 刘春兰. 国内外 PM2. 5 控制和治理措施评述［J］. 城市与减灾, 2015, 2：34-37.

［6］戴海夏, 宋伟民. 大气 PM2. 5 的健康影响［J］. 国外医学：卫生学分册, 2001, 28（5）：299-303.

［7］靖颖玫. 基于数据挖掘的移动通讯业电信运营商客户流失分析［J］. 科技风, 2016, 01：264.

［8］梁松旺, 王勤波, 高明. PM2. 5 污染危害及防治措施的探讨［J］. 科技视界, 2014, 26（025）：253-253.

［9］吴玉萍, 姜青新, 张淼. 解读《大气污染防治行动计划》［J］. WTO 经济导刊, 2013, 11：69-71.

［10］Cao Q., Shen L., Chen S. C. WRF modeling of PM 2. 5, remediation By SALSCS and its clean air flow over Beijing terrain［J］. Science of The Total Environment, 2018, 626：134-146.

［11］Pérez P., Trier A., Reyes J. Prediction of PM2. 5 concentrations several hours in advance using neural networks in Santiago, Chile［J］. Atmospheric Environment, 2000, 34（8）：1189-1196.

[12] Pérez P. , Salini G. PM2.5 forecasting in a large city: Comparison of three methods[J]. Atmospheric Environment, 2008, 42(35): 8219-8224.

[13] Ming D. , Dong Y. , Yan K. , et al. . PM2.5 concentration prediction using hidden semi-Markov model-Based times series data mining [J]. Expert Systems with Applications, 2009, 36(5): 9046-9055.

[14] Voukantsis D. , Karatzas K. , Kukkonen J. Intercomparison of air quality data using principal component analysis, and forecasting of PM10 and PM2.5 concentrations using artificial neural networks, in Thessaloniki and Helsinki [J]. Science of the Total Environment, 2011, 409 (7): 1266-1276.

[15] Oprea M. , Mihalache S. F. , Popescu M. A comparative study of computational intelligence techniques applied to PM2.5 air pollution forecasting [C]. 2016 6th International Conference on Computers Communications and Control (ICCCC). IEEE, 2016.

[16] Biancofiore F. , Busilacchio M. , Verdecchia M. Recursive neural network model for analysis and forecast of PM10 and PM2.5 [J]. Atmospheric Pollution Research, 2017: S13091042163040456.

[17] Hu X. , Belle J. H. , Meng X. Estimating PM2.5 Concentrations in the Conterminous United States Using the Random Forest Approach [J]. Environmental Science & Technology, 2017, 38(26): 43-14.

[18] 吕琪铭, 潘慧玲, 邓启红. 室内微细颗粒物污染水平预测的数值模拟 [J]. 陕西科技大学学报, 2008, 26(4): 74-77.

[19] Sun W. , Zhang H. , Palazoglu A. , et al. Prediction of 24-hour-average PM 2.5 concentrations using a hidden Markov model with different emission distriButions in Northern California[J]. Science of the Total Environment, 2013, 36(45): 443-74.

[20] 彭斯俊, 沈加超, 朱雪. 基于 ARIMA 模型的 PM2.5 预测[J]. 安全与 环境工程, 2014, 6: 125-128.

[21]Zhou Q. , Jiang H. , Wang J. A hyBrid model for PM2. 5 forecasting Based on ensemBle empirical mode decomposition and a general regression neural network[J]. Science of The Total Environment, 2014, 496: 264-274.

[22]谢永华, 张鸣敏, 杨乐, 张恒德. 基于支持向量机回归的城市 PM2. 5 浓度预测[J]. 计算机工程与设计, 2015, 36(11): 3106-3111.

[23]Feng X. , Li Q. , Zhu Y. Artificial neural networks forecasting of PM2. 5 pollution using air mass trajectory Based geographic model and wavelet transformation[J]. Atmospheric Environment, 2015, 107: 118-128.

[24]Lv B. , CoBourn W. G. , Bai Y. Development of nonlinear empirical models to forecast daily PM2. 5 and ozone levels in three large Chinese cities[J]. Atmospheric environment, 2016, 147: 209-223.

[25] Ni X. Y. , Huang H. , Du W. P. . Relevance analysis and short-term prediction of PM2. 5 concentrations in Beijing Based on multi-source data [J]. Atmospheric Environment, 2017, 150: 146-161.

[26] Wang D. , Liu Y. , Luo H. , et al. Day-Ahead PM2. 5 Concentration Forecasting Using WT-VMD Based Decomposition Method and Back Propagation Neural Network Improved By Differential Evolution [J]. International Journal of Environmental Research and PuBlic Health, 2017, 14(7): 764-37.

[27]Wahid H. , Ha Q. P. , Duc H. , et al. Neural network-based meta-modelling approach for estimating spatial distribution of air pollutant levels [J]. Applied Soft Computing, 2013, 13(10): 4087-4096.

[28]Grivas G. , Chaloulakou A. . Artificial neural network models for prediction of PM hourly concentrations, in the Greater Area of Athens, Greece[J]. Atmospheric Environment, 2006, 40(7): 1216-1229.

[29]Requia W. J. , Coull B. A. , Koutrakis P. Evaluation of predictive capabilities of ordinary geostatistical Interpolation, hybrid interpolation, and machine learning methods for estimating PM2. 5 constituents over space[J].

Environmental Research, 2019, 175: 421-433.

［30］Zhang C. J. , Dai L. J. , Ma L. M. Rolling forecasting model for PM2. 5 concentration Based on support vector machine and particle swarm optimization［C］. International Symposium on Optoelectronic Technology and Application. CSOE, 2016.

［31］周志华, 王珏. 机器学习及其应用 2009［M］. 北京: 清华大学出版社, 2009: 1-234.

［32］Zhou Z. H. When semi-supervised learning meets ensemBle learning［J］. Frontiers of Electrical and Electronic Engineering, 2011, 6(1): 6-16.

［33］Hsu D. , Kakade S. M. , Zhang T. Random Design Analysis of Ridge Regression［J］. Foundations of Computational Mathematics, 2014, 14(3): 569-600.

［34］邱耀, 杨国为. 基于 XGBoost 算法的用户行为预测与风险分析［J］. 工业控制计算机, 2018, 31(09): 44-45.

［35］Voukantsis D. , Karatzas K. , Kukkonen J. , et al. Intercomparison of air quality data using principal component analysis, and forecasting of PM10 and PM2. 5 concentrations using artificial neural networks, in Thessaloniki and Helsinki［J］. Science of the Total Environment, 2011, 409 (7): 1266-1276.

［36］曹渝昆, 朱萌. 基于主成分分析和 LightGBM 的风电场发电功率超短期预测［J］. 上海电力学院学报, 2019, 35(06): 562-566.

［37］Krawczyk B. , Woniak M. Diversity measures for one-class classifier ensemBles［J］. Neurocomputing, 2014, 126(27): 36-44.

［38］龚洪亮. 基于 XGBoost 算法的武汉市二手房价格预测模型的实证研究［D］. 湖北: 华中师范大学, 2018.

［39］张文雅, 范雨强, 韩华, 等. 基于交叉验证网格寻优支持向量机的产品销售预测［J］. 计算机系统应用, 2019, 28(05): 1-9.

［40］Chau K. W. A split-step particle swarm optimization algorithm in river stage forecasting[J]. Journal of Hydrology, 2007, 346(3): 131-135.

[41]庞新生. 缺失数据处理方法的比较[J]. 统计与决策, 2010, 20(24): 152-155.

[42]Chen J., Tang Y. Y., Fang B., et al. In silico prediction of toxic action mechanismsof phenols for ImBalanced data with Random Forest learner[J]. Journal of Molecular Graphics and Modelling, 2012, 35: 21-27.

[43]Andrzejak R. G., Lehnertz K., Mormann F., et al. Indications of nonlinear deterministic and finite-dimensional structures in time series of Brain electrical activity: Dependence on recording region and Brain state[J]. Physical Review E, 2001, 64(6): 061907.

[44]Schenatto K., De Souza E. G., Bazzi C. L., et al. Normalization of data for delineating management zones [J]. Computers and Electronics in Agriculture, 2017, 143: 238-248.

[45]Zhan C., Gan A., Hadi M. Prediction of Lane Clearance Time of Freeway Incidents Using the M5P Tree Algorithm [J]. IEEE Transactions on Intelligent Transportation Systems, 2011, 12(4): 1549-1557.

[46]Witten I. H., Frank E. Weka: Practical Machine Learning Tools and Techniques with Java Implementations[J]. Acm Sigmod Record, 1999, 31 (1): 76-77.

[47]郭昌辉, 刘贵全, 张磊. 基于回归树与K-最近邻交互模型的存储设备性能预测[J]. 南京大学学报(自然科学), 2012, 48(2): 123-132.

[48]方舟, 王霓虹. 基于改进MNN的森林健康评价方法研究[J]. 安徽农业科学, 2014, 16(16): 5292-5294.

[49]Lindgren F., Geladi P., Wold S. The kernel algorithm for PLS [J]. Journal of Chemometrics, 1993, 7(1): 45-59.

[50]王磊, 王汝凉, 曲洪峰. BP神经网络算法改进及应用[J]. 软件导刊, 2016, 15(5): 38-40.

附录

表 A1　　　　　　　　　部分原始数据示例

No	date	hour	PM2.5	DEWP	TEMP	PRES	cbwd	Iws	Is	Ir
1	2010/1/1	0	NA	−21	−11	1021	NW	1.79	0	0
2	2010/1/1	1	NA	−21	−12	1020	NW	4.92	0	0
3	2010/1/1	2	NA	−21	−11	1019	NW	6.71	0	0
4	2010/1/1	3	NA	−21	−14	1019	NW	9.84	0	0
5	2010/1/1	4	NA	−20	−12	1018	NW	12.97	0	0
6	2010/1/1	5	NA	−19	−10	1017	NW	16.1	0	0
7	2010/1/1	6	NA	−19	−9	1017	NW	19.23	0	0
8	2010/1/1	7	NA	−19	−9	1017	NW	21.02	0	0
9	2010/1/1	8	NA	−19	−9	1017	NW	24.15	0	0
10	2010/1/1	9	NA	−20	−8	1017	NW	27.28	0	0
11	2010/1/1	10	NA	−19	−7	1017	NW	31.3	0	0
12	2010/1/1	11	NA	−18	−5	1017	NW	34.43	0	0
13	2010/1/1	12	NA	−19	−5	1015	NW	37.56	0	0
14	2010/1/1	13	NA	−18	−3	1015	NW	40.69	0	0
15	2010/1/1	14	NA	−18	−2	1014	NW	43.82	0	0
16	2010/1/1	15	NA	−18	−1	1014	cv	0.89	0	0
17	2010/1/1	16	NA	−19	−2	1015	NW	1.79	0	0
18	2010/1/1	17	NA	−18	−3	1015	NW	2.68	0	0
19	2010/1/1	18	NA	−18	−5	1016	NE	1.79	0	0
20	2010/1/1	19	NA	−17	−4	1017	NW	1.79	0	0
21	2010/1/1	20	NA	−17	−5	1017	cv	0.89	0	0
22	2010/1/1	21	NA	−17	−5	1018	NW	1.79	0	0
23	2010/1/1	22	NA	−17	−5	1018	NW	2.68	0	0

续表

No	date	hour	PM2.5	DEWP	TEMP	PRES	cbwd	Iws	Is	Ir
24	2010/1/1	23	NA	-17	-5	1020	cv	0.89	0	0
25	2010/1/2	0	129	-16	-4	1020	SE	1.79	0	0
26	2010/1/2	1	148	-15	-4	1020	SE	2.68	0	0
27	2010/1/2	2	159	-11	-5	1021	SE	3.57	0	0
28	2010/1/2	3	181	-7	-5	1022	SE	5.36	1	0
29	2010/1/2	4	138	-7	-5	1022	SE	6.25	2	0

源程序 A1　多项式组合特征代码

1. #导入 PolynomialFeatures 生成数，建立多项式生成模型

2. From sklearn. preprocessing import PolynomialFeatures

3. #degree：表示要生成原有数据的多少次方项，比如 2，就是生成 x^2 或 x * x1

4. #include_bias：是否包含偏置项

5. #interaction_only：是否只生成自身的高次方

6. polyCoder = PolynomialFeatures（degree = 2，include _ bias = True，interaction_only = False）

7. df = polyCoder. fit_transform（data）

8. new_data = pd. DataFrame（df，columns = polyCoder. get_feature_names（））

源程序 A2　XGBoost 特征重要度排序代码

1. from xgboost import plot_importance

2. from sklearn. model_selection import train_test_split

3. from xgboost import XGBClassifier

4. #XGBoost 特征重要度训练

5. model = XGBClassifier( )

6. model. fit(data1, data1_target)

7. fig, ax = plt. subplots(figsize = (10, 10))

8. plot_importance(model,

9. 　　　　　　　　height = 0. 1,

10. 　　　　　　　　ax = ax,

11. 　　　　　　　　max_num_features = 100)

12. plt. show( )

源程序 A3　网格搜索法调参部分代码

1. from sklearn. model_selection import GridSearchCV#网格搜索

2. #首先从步长和迭代次数入手，长初始值设置为 0. 1

3. param_test1 = { 'n_estimators': range(20, 81, 10) }

4. gsearch1 = GridSearchCV(estimator = GradientBoostingClassifier(

5. 　　learning_rate = 0. 1,

6. 　　min_samples_split = 300,

7. 　　min_samples_leaf = 20,

8. 　　max_depth = 8,

9. 　　max_features = 'sqrt',

10. 　　subsample = 0. 8,

11. 　　dom_state = 10

12.), param_grid = param_test1, scoring = 'roc_auc', iid = False, cv = 5

13. gsearch1. fit(P, y_test1)

14. gsearch1. cv_results_ ['mean_test_score'] , gsearch1. best_params_,
gsearch1. best_score_

源程序 A4　基学习器定义代码

1. #初始候选基学习器

```
2. def et_models( ) :
3. #" " " Generate a library of base learners. " " "
4. nb = GaussianNB( )
5. svc = SVC ( C = 1, random _ state = SEED, kernel = " linear ",
probability = True)
6. knn = KNeighborsClassifier( n_neighbors = 3 )
7. r = LogisticRegression( C = 100, max_iter = 5000, random_state = SEED)
8. nn = MLPClassifier( ( 80, 10 ), early_stopping = False, random_state =
SEED)
9. gb = GradientBoostingClassifier( n_estimators = 50, random_state = SEED)
10. etree = ExtraTreesClassifier( random_state = SEED)
11. adaboost = AdaBoostClassifier( random_state = SEED)
12. dtree = DecisionTreeClassifier( random_state = SEED)
13. lgb = lgb_model. sklearn. LGBMClassifier(
14.          is_unbalance = False,
15.          learning_rate = 0. 04,
16.          n_estimators = 110,
17.          max_bin = 400,
18.          scale_pos_weight = 0. 8)
19.
20.     models = {
21.         'svm': svc,
22.         'knn': knn,
23.         'naïve bayes': nb,
24.         'mlp-nn': nn,
25.         'gbm': gb,
26.         'logistic': lr,
27.         'etree': etree,
```

28.　　　　'adaboost': adaboost,

29.　　　　'dtree': dtree,

30.　　　　'lgb': lgb,

31.　　　　　}

32. Return models

33.

34. Def train_predict(model_list): #预测

35. #将每个模型的预测值保留在 DataFrame 中，行是每个样本预测值，列是模型

36.　　　P = np. zeros((y_test. shape[0], len(model_list)))

37.　　　P = pd. DataFrame(P)

38.　　　print("Fitting models. ")

39.　　　cols = list()

40.　　　for i, (name, m) in enumerate(model_list. items()):

41.　　　　print("%s. . . "%name, end=" ", flush=False)

42.　　　　m. fit(x_train, y_train1)

43.　　　　P. iloc[:, i] = m. predict(x_test)

44.　　　　cols. append(name)

45.　　　　print("done")

46.　　　P. columns = cols

47.　　　print("ALL model Done. \ n")

48. Return P

源程序 A5　元学习器定义代码

1. #定义元学习器 GBDT

2. #通过减半步长，最大迭代次数加倍来增加我们模型的泛化能力

3. meta_learner = GradientBoostingClassifier(

4.　　　n_estimators = 400,

5. 　　　max_features = 1,

6. 　　　max_depth = 3,

7. 　　　subsample = 0. 8,

8. 　　　learning_rate = 0. 005,

9. 　　　min_samples_leaf = 60,

10. 　　　min_samples_split = 800,

11. 　　　loss = " deviance",

12. 　　　random_state = SEED

13.)

源程序 A6　模型集成代码

1. From mlens. ensemble import SuperLearner

2. #5 折集成

3. sl = SuperLearner(

4. 　　　folds = 5,

5. 　　　random_state = SEED,

6. 　　　verbose = 2,

7. 　　　backend = " multiprocessing")

8.

9. sl. add(list(base_learners. values( )), proba = True)#加入基学习器

10. sl. add_meta(meta_learner, proba = True)#加入元学习器

11. #训练集成模型

12. sl. fit(x_train[: 8800], y_train1[: 8800])

13. #预测

14. p_sl = sl. predict_proba(x_test)

15. print(" \ n 超级学习器的值:%. 3f" % roc _auc_score(y_test1, p_sl [:, 1]))

第 2 章　基于 PM2.5 暴露的城市绿色 健康出行系统研究

2.1　研究背景及意义

自改革开放以来，中国为推进社会生产力的发展加快了城镇化和工业化的速度，截至 2020 年末全国城镇化水平（城市人口占总人口的比率）已达 60%，而《中国城市化 2.0》报告显示[1]，到 2030 年中国的城镇化比率将升至 75%。无论是工业化步伐的加速前进，还是城镇化战略的布局实施，都不可避免地会产生各种潜在的环境污染问题给城市居民的健康带来风险甚至危害，这对我们的生态文明建设提出了挑战。

党的十八大以来，国家着眼于生态文明的可持续健康发展，全面统筹推进包括生态文明建设在内的"五位一体"总体布局的实施，推动社会向"绿水青山"的社会主义生态文明新时代迈进[2]。2010 年 1 月，建设"全国低碳日"的倡议首次在"低碳中国论坛"会议中发起，会议倡导居民在日常出行时尽量选择步行、自行车等低碳、绿色的出行方式，通过绿色环保出行减少尾气排放污染[3]。党的"十四五"规划提出了"全面推进健康中国建设"的重大战略，要求坚持"以人为本"，动员社会积极参与，将健康理念融入所有政策之中，为实现民族复兴奠定重要基石。2019 年 7 月，党中央和国务院正式发布《"健康中国 2030"规划纲要》[4]，将推行全民健身运动纳入健康中国建设的任务之中，而居民采用主动交通（步行、骑行）的方式出行不仅减少了碳排放污染，更是符合全民运动的健康理念，为建设健康中国打下坚实基础。虽然绿色出行可以减少机动车空气污染物的排放，但工业排放、取暖季化石燃料燃烧等也是造成空气质量不达标的重要因素，环境质量改善的成效还不稳固。空气污染问题必将是中国未来需要长期关注的热点问题，尤其是雾霾问题，而引发雾霾的主要污染物就是大气中的 PM2.5。PM2.5 是指漂浮在近地层中直径小于或等于 2.5 μm 的大气颗粒物，当它们被人体吸入时可直接由呼吸道进入肺部组织和血液循环中，干扰支气管和肺泡之间的气体交换过程，从而诱发呼吸系统症状（咳嗽、咳痰等），还会增加罹患心血管疾病和癌症的风险[5]。2012 年 2 月，生态环境部颁布了新修订的《环境空气质量标准》[6]，里面首次将 PM2.5 纳入大气污染物监测范围，并根据世界卫生组织制定的过渡期第一阶段的目标值（日平均浓度 75 μg/m³、年平均浓度 35 μg/m³）实施监督。生态环境部、国家发展和改革委员会等机关在 2019 年底联合发布了《京津冀及周边地区 2019—2020 年秋冬季大气污染综合治理攻坚行动方案》的通知[7]，指出为了实现在 2020 年打赢蓝天保卫战的目标，各级政府需稳步推进大气污染防治工作，积极应对空气污染，为打赢污染防治攻坚战、共筑生态文明美丽新中国奠定坚实基础。

有关研究表明[8]，当居民暴露在空气污染环境中时，由主动交通产生的体力活动会改变人体的呼吸模式（呼吸频率等），导致吸入的空气污染物的剂量增加。而且与低交通量路线相比，骑行在高交通量环境中的 PM2.5 暴露浓度中位数要高出 26%，故选择绿色健康出行路线对于采用主动交通出行的居民而言十分重要。

鉴于城市空气污染无法短期内全面消除，在积极响应国家绿色出行的号召下，同时本研究拟开发基于大气 PM2.5 暴露风险的城市绿色健康出行系统，为"健康中国"提供科技支撑。该系统中的查询最低暴露风险路径模块是最为核心的功能，其实现的依据是基于 PM2.5 暴露风险权重的路径规划研究：用历史空气质量和气象监测数据构建基于随机森林的 PM2.5 浓度预测模型，实现对未来 1 小时内空气中 PM2.5 浓度值的预测，然后通过反距离权重法将 PM2.5 的预测值进行空间插值，得出区域 PM2.5 浓度分布，而后构建路网路段相对暴露风险的计算模型，求出路网路段的相对 PM2.5 暴露风险，最后根据 Neo4j 图数据库中的图算法得到节点间的最低权重路径，即最低暴露风险路径。本研究尝试将绿色出行与健康出行理念相融合，既能实现绿色出行带来的低碳健康生活，又能减少空气污染物对健康的威胁，对政府部门制定多目标的大气污染防治对策以及居民绿色健康出行有着重要的现实意义。

2.2　国内外研究现状

基于 PM2.5 暴露风险权重的路径规划研究主要涉及的理论与技术为 PM2.5 浓度预测和最短路径规划，下面分别对这两方面的国内外研究现状进行综述。

2.2.1　PM2.5 浓度预测国内外研究现状

一件件严重空气污染事件对人类敲响了警钟，各国政府开始出台空气治理计划，这逐渐引发了国内外学者对 PM2.5 浓度在短期和长期预测的广泛研究，总体可以将其归纳为数值预报模型和统计预报模型两类。

2.2.1.1　数值预报模型

数值预报模型主要基于气象学知识，通过物理化学模型模拟大气运动中各种污染物的反应、沉降、扩散过程，需要综合考虑气象、排放源、交通、人口、地理类型、海洋海盐浓度等条件，而且物理化学变量也影响着模拟效果。虽然模型总体较为复杂，但是模拟精度较高，适合对污染物长期的浓度预测。

Chen L 等人[9]使用社区多尺度空气质量模型(Community Multi-scale Air Quality，CMAQ)对冬季加利福尼亚州的 PM2.5 浓度以及在预设减排条件后 PM2.5 浓度的变化进行预测，其加入了氮氧化物辅助预测 PM2.5 浓度值，结果模型在预测未来 24 小时 PM2.5 浓度均值的平均误差为 11.2 $\mu g/m^3$，表明 CMAQ 结合其它辅助污染物进行 PM2.5 浓度预测是可行的。Minah B 等人[10]提出一种量化贡献的多尺度分层的方法对韩国 2010—2017 年 PM2.5 浓度预测研究，并将中国作为代表性的国外排放源，模拟在国外源减排 50%的情况下 PM2.5 的敏感情况，结果模型预测的 PM2.5 月均浓度值与观测值之间的 RMSE 为 12.4 $\mu g/m^3$，模型预测精度较高。Yang 等人[11]使用 WRF-SMOKE-CMAQ 对西安市 2014 年到 2017 年冬季 PM2.5 浓度进行预测，研究结果表明模型在整个研究时段表现良好，且在模拟的 PM2.5 日浓度数据和观测值之间的 R^2 均大于 0.58，而其中 WRF(Weather Research and Forecasting Model)模型用来生成 CMAQ 所需要的气象场条件，SMOKE(Sparse Matrix Operator Kernel Emission System)模型用于生成污染物排放清单，并为 CMAQ 提供高时空分辨率的排放数据，CMAQ 模型则预测每日 PM2.5 浓度。Zhang X 等人[12]通过利用 CMAQ 等过程分析工具，成功再现了青岛市冬季 3 次典型 PM2.5 污染事件中的 PM2.5 浓度的时空变化过程，研究结果表明物理化学过程水平传输、垂直传输和干沉降是造成 PM2.5 累积的主要原因，而湿沉降可以有效降低 PM2.5 浓度。汪等人[13]运用 WRF 模型耦合 CMAQ 模型对台州市 PM2.5 浓度空间分布进行数值模拟分析，结果表明模型所模拟的 PM2.5 浓度值与监测值之间的 R^2 达到 0.74，模型模拟效果良好。

2.2.1.2 统计预报模型

统计预报模型是一种大数据驱动模型，其暂不考虑 PM2.5 在大气中的物理、化学等变化过程，主要通过统计分析大量的历史数据，并筛选出与 PM2.5 浓度变化相关的特征因子，由此建立数学模型以实现对 PM2.5 浓度的精确预测。目前，PM2.5 统计预报模型主要可分为经典的统计学方法和当下流行的机器学习以及深度学习方法。

基于统计学预测 PM2.5 浓度的方法最早出现的是土地利用回归、地理加权回归、ARMA 等统计分析方法。在 19 世纪末，DAVID J 等人[14]使用土地利用回归模型(Land use regression，LUR)绘制空气污染图，选取土地利用类型数据(道路交通、土地覆盖、海拔高度等)与监测站点及其周边 PM2.5 浓度值以建立最小二乘回归模型,结果表明预测值与参考点的 R^2 达到 0.79 到 0.87,预测效果较好。Hoogh K 等人[15]建立土地利用回归模型用于估算西欧 PM2.5、NO_2 等污染物的年平均浓度,模型除使用地表监测数据外还融合了卫星观测数据、气象化学模型和土地利用数据,结果模型在西欧地图尺度上的预测能力十分"健壮",被其他参与者广泛运用。Miri 等人[16]基于每年及每季度的 PM1、PM2.5、PM10 的浓度观测值,采用土地利用回归模型对伊朗萨卜泽瓦尔地区进行污染物浓度的预测,模型采用 104 个潜在预测变量,结果表明 PM2.5 预测模型的 R^2 达到 0.56 到 0.93,RMSE 为 3.66 μg/m³到 28.3 μg/m³,最终模型成功运用在流行病学的研究中。Zhang 等人[17]通过中分辨率成像光谱仪(MODIS)卫星数据,构建基于气溶胶光学厚度(Aerosol Optical Depth,AOD)、地理利用类型和气象条件的土地利用回归模型,预测了德克萨斯州表面 1 km 分辨率的 PM2.5 浓度,结果表明预测模型能够对德州 PM2.5 浓度进行较好的短期和长期预测。地理加权回归(Geographically Weighted Regression,GWR)也是多元线性回归模型,Hajiloo 等人[18]采用 GWR 建立普通最小二乘模型,研究了伊朗德黑兰地区的 PM2.5 浓度与气象和环境参数的关系,结果模型 PM2.5 浓度预测值和观测值之间的 R^2 到达 0.73,表明 GWR 预测模型性能良好。刘玲等人[19]运用南京市 PM2.5 日均浓度时间序列建立了南京市 PM2.5 浓度变化的自回归滑动平均模型(Autoregressive Moving Average,ARMA),并对未来 PM2.5 浓度值进行短期预测,结果 PM2.5 预测值和真实值之间的平均标准差为 2.41,表明模型拟合效果良好。Zhang 等人[20]根据福州市近两年内两个暖期和冷期的 PM2.5 浓度时间序列,构建自回归综合滑动平均模型(Autoregressive Integrated Moving Average,ARIMA)以预测 PM2.5 浓度,结果表明模型预测值与实际的观测值的 MAE 为 11.4 μg/m³,模型预测误差较小,且 PM2.5 浓度在两年内呈季节性波动,冷期较高,暖期较低。

目前,国内外已普遍开展机器学习方法建立 PM2.5 预测模型的研究与实践,这种方法最重要的组成部分是特征选择,预测效果较好的模型有支持向量机、随机森林等。Osowski 等人[21]根据波兰北部地区历年的气象资料和污染物浓度，采用小波变换的支持向量机（Support Vector Machines, SVM）进行预测，结果表明对 PM2.5 的预测精度 MAE 为 8 μg/m³到 15 μg/m³，模型的精度较高。Wang 等人[22]提出了一种新的混合 Garch（广义自回归条件异方差）方法，将自回归综合移动平均模型 ARIMA 与支持向量机 SVM 进行模型融合，利用线性和非线性混合方式对深圳市 10 天 PM2.5 小时浓度数据进行了时间序列预测，研究表明模型很好地描述了 PM2.5 异构时间序列数据集，且模型预测值和观测值之间的 MAE 为 4.4 μg/m³到 13.5 μg/m³、RMSE 为 4.6 μg/m³到 14.3 μg/m³。Zhu 等人[23]以互补集成经验模式分解、粒子群优化、引力搜索算法、支持向量回归、广义回归神经网络和灰色关联分析的算法构建混合预测模型，用于对重庆、哈尔滨和济南日均 PM2.5 浓度预测，模型首先用互补集成经验模式对 PM2.5 原始数据进行分解，然后用引力搜索算法进行 SVR 优化选择，再用灰色关联分析选择气象因子，最后用广义回归神经网络进行残差修正和预测结果分析，研究结果表明混合模型预测误差 RMSE 为 6 μg/m³、R^2 达到 0.95，模型性能优于其他六种模型，可用于开发空气质量预报和预警。Zhao 等人[24]为了研究评估京津冀地区 0.01°×0.01°分辨率下 PM2.5 浓度值，建立了考虑卫星的 AOD 数据、气象数据和地形数据的随机森林模型（Random Forest），该模型的性能较好，在测试数据上的 R^2 达到 0.86，且在中高时空分辨率下的预测能力表现良好。Wei 等人[25]利用 MODIS 采集 AOD 数据，建立了基于时空的随机森林模型，并在全国范围预测了空间分辨率 1 km 下的 PM2.5 浓度，且采用 10 倍交叉验证方法与多元线性回归模型、地理加权回归模型和两阶段模型进行验证和交叉比较，结果表明模型在预测中国 PM2.5 的日、月和年浓度尺度上的 MAE 为 9.77 μg/m³、RMSE 为 15.77 μg/m³、R^2 达到 0.85，模型性能优于上述三种模型，较为准确地估计了 PM2.5 浓度。Huang 等人[26]以中国华北平原 PM2.5 水平为研究对象，使用 AOD 数据、气象参数、土地覆盖和地面 PM2.5 地表监测等数据建立随机森林预测模型，模型的整体 R^2 和相对预测误差（RPE）分别为 0.88 和

18.7%，准确地预测了 PM2.5 在月、季度、年水平上的 PM2.5 浓度值，为中国 PM2.5 健康影响的流行病学研究提供可靠的数据。Joharestani 等人[27]使用 23 个特征，包括卫星和气象数据、地面测量的 PM2.5 浓度值和地理数据研究了德黑兰市区 PM2.5 预测的特征重要性，通过比较建立了随机森林、XGboost 模型，研究结果很好地预测了 PM2.5 浓度值，模型最佳 R^2 为 0.81。而随着计算机算力的不断提升以及分布式技术的广泛运用，以神经网络为主导的深度学习方法在大量研究领域取得前所未有的进展，也逐渐用于 PM2.5 浓度的预测。Li 等人[28]提出一种 AC-LSTM 模型，它由卷积神经网络（CNN）、长短期记忆神经网络（LSTM）和注意力网络组成，除了采用污染物浓度数据外，还利用邻近站点的监测数据作为模型的输入，实验结果表明该方法对未来 24 小时太原市空气 PM2.5 浓度均值具有较高的预测性能，其中预测值和观测值之间的 MAE 为 8.2 $\mu g/m^3$、RMSE 为 14.3 $\mu g/m^3$。Zhao 等人[29]采用三维 CNN 和 LSTM 建立了 PM2.5 浓度预测框架，模型使用 CNN 和 LSTM 采集 PM2.5 的空间分布特征和时间序列特征，研究表明与 10 个站点的观测值对比，模型的最小 MAE 为 3.24 $\mu g/m^3$、最小 RMSE 为 13.56 $\mu g/m^3$，其结果证实了深度学习在 PM2.5 浓度预测中的有效性。

综上，数值预测模型实质是以物理化学公式模拟大气污染物各种物理化学反应，它结合了气象、物理、化学知识，且模型必须使用污染物排放清单，因此模型较为复杂且普遍推广的可能性较低，但是模型能够稳定预测选定区域内的 PM2.5 浓度值，预测精度较高。其中，以 CMAQ 为代表的预测模型通常被用作模拟长时间的污染物浓度时空变化，但在运行环境配置上有一定的要求。统计预测模型则是利用统计学知识，根据已有的历史数据，建立数学模型，使用各种特征和标签数据进行预测，相较于数值预测模型，它不需要很强的气象化学知识，只关注于数据本身，通过选择与 PM2.5 相关性较高的特征进行模型的预测，总体实现上可操作性好，且能够获得不错的预测精度，可推广性较强。机器学习及深度学习的统计预测模型比经典的统计预测模型更为精密，经典的统计预测模型大部分忽视了预测因子和 PM2.5 之间复杂的非线性关系，因此预测精度相对较低。预测 PM2.5 的深度学习模型通常是以某个城市 PM2.5 的时间序列为输入进行短期预测，因此无法解释各种预测变量对 PM2.5 的贡献程度，而机器学习方法中的随机森林模型可以在训练完成后输出预测因子的重要程度，且其随机性的特点在训练 PM2.5 预测模型时不容易过拟合，泛化能力较强，故基于随机森林构建 PM2.5 浓度预测模型有着更加明显的预测性能优势。

2.2.2 最短路径规划国内外研究现状

地图的最短路径规划按照参考因素可划分为静态路径规划和动态路径规划。静态路径规划以静态的交通信息作为路径规划的权重，通常以行车距离最短作为规划准则；动态路径规划则是以动态交通信息确定道路权重，需要在静态交通信息的基础上考虑路况等因素，通常以行驶时间最少作为规划准则。王等人[30]基于经典的最短路径算法提出了一种实时交通信息的最优路径规划算法，该算法综合考虑了道路是否拥堵、路段是否为单行线和红绿灯等待时间这三种因素，仿真实验的结果表明最优路径更加贴近实际的交通情况，能基本满足用户日常出行需求。无论是静态路径规划还是动态路径规划，它们需要解决的问题就是在给定的道路网络图中寻找由出发点到目的地的最优路径，最优路径可以是最短距离路径、最少时间路径、最低收费路径等，但无论采取哪种，其本质都是在网络图中寻找花费最小的路径，即图论中的最短路径问题。

最短路径问题自提出以来，国内外学者纷纷涉足研究，各种解决算法也是层出不穷[31]。Dijkstra 算法[32]是经典的单源单汇最短路径算法，它通过采用贪心策略查找候选节点集合中与当前节点距离最近的节点，并将其作为新一轮访问的节点，迭代计算直至查找到终止节点，即求得最短路径。A * 算法[33]作为 Dijkstra 算法的扩展算法，是通过一个估价函数计算图中每个节点的优先级，并在每次遍历时选择优先级最高的节点作为新一轮访问的节点。美国数学家 Bellman 提出的 Bellman-Ford 算法[34]利用动态规划思想通过对图中每一条边进行松弛操作，使得最短路径距离的估计值逐渐逼近最短路径的距离，当每一条边都被计算后即可求得正确路径。Floyd 算法[35]则是较为经典的多源多汇最短路径算法，它通过第三方节点松弛图中每一对目标节点之间的距离，并建立图的权值矩阵以计算任意节点间的最短路径。

上述最短路径算法在小规模的网络图中有着较好的执行能力，但是在大规模的交通网络图中，图的节点和边的数目将会达到千万级，这会严重影响算法的执行效率。虽然近年来计算机的存储和运算能力有了极大提升，在大规模交通网络图中进行最短路径查询的效率也增长了不少，但是运算能力与执行效率之间的反比关系也愈加凸显。随着大数据时代的来临，不少学者开始使用大数据平台计算大规模图的最短路径。比如宋等人[36]使用的是 Hadoop 分布式计算存储平台，利用 Hadoop 分布式文件系统（HDFS）的高存储性能来保存大规模图分割后产生的小规模子图，然后基于 MapReduce 编程模型并行化进行分割后的子图内查询和子图间查询，查询结果中权值最小的路径即为最短路径，实验结果表明该方法在大规模图中查询最短路径的效率较高。Trung 等人[37]则使用 Spark-GraphX 分布式计算平台来进行查询，他们利用大数据平台从源点和终点并行寻找最小路径的交汇节点，相较于只从源点开始搜索的方法，这种方式时间开销更低、执行效率更高。随着二十一世纪初 NoSQL 数据库的快速发展，大规模的路网数据使用图数据模型处理会有更加自然的表现，而 Neo4j 作为当下流行的图数据库为图的算法和应用，更是为基于该存储平台寻找新的突破点提供了可能。殷等人[38]提出了一种基于 Neo4j 图数据库存储平台的路网规模图最短路径查询方法，与其他关系型数据库相比，使用 Neo4j 图数据库的查询时间和内存消耗更少。于等人[39]通过对比路网数据在 Neo4j 数据库和 PostgreSQL 数据库中的查询性能，证明 Neo4j 数据库以图作为数据模型的方法更加适合路网数据的存储，且在查询最短路径时耗时更短，效率更高。蒋等人[40]以 Neo4j 图数据库作为数据持久化层实现了室内地图系统，除使用 Neo4j 数据库存储室内地图数据外，他们还将其运用到系统地图路径查询功能中，测试结果表明查找路线耗时较短，符合用户预期。

综上可知，在小规模网络图中，经典的最短路径算法及其优化算法有着良好的执行效率，但是随着图的规模逐渐扩大，这些经典算法在处理时花费的时间也会随之增大，故经典的最短路径算法更适用于小规模的道路网络图。而 Hadoop、Spark 等大数据平台和 Neo4j 数据库分别从分布式计算和图数据模型的角度提出了新的针对大规模图最短路径查询的方案。相较于大数据存储计算平台，Neo4j 图数据库以图数据结构模型和图算法作为核心，其查询效率更高、资源消耗更少，且可操作性更强。因此，在处理城市路网大规模数据时，采用 Neo4j 图数据库将路网数据持久化为节点和关系，并通过其提供的图算法查询最短路径有着更加高效的执行性能。

通过 PM2.5 浓度预测和最短路径规划的国内外研究综述可知，大部分研究只是在各自领域提出不同的研究方法，将两者交叉融合的跨学科研究则相对较少。因此，在积极响应国家绿色出行的号召下，面对人民日益增长的健康生活需求，本研究拟将 PM2.5 浓度预测和最短路径规划进行结合，提出一种低 PM2.5 暴露风险的绿色健康出行路径规划方法，并以此搭建城市绿色健康出行系统，这对政府制定 PM2.5 污染暴露防控方针和指导居民绿色健康出行具有十分重要的理论与实践意义。

2.3　研究目标与内容概述

本研究旨在针对城市空气污染无法短期全面治理的情况下，解决居民绿色健康出行的问题。研究将健康出行与绿色出行理念相融合，综合考虑静态地理信息和动态的 PM2.5 浓度信息，以低 PM2.5 暴露风险和最短出行距离综合作为路径规划准则，在城市道路网中寻找出行代价最小的路径。本研究的主要工作如下：

（1）探究北京市 PM2.5 浓度与影响因素之间具体的定量关系，分别从相关系数和线性拟合度两个方面进行分析，主要探究的 PM2.5 影响因素包括：空气质量因子（空气质量指数（AQI）、二氧化硫（SO_2）、二氧化氮（NO_2）、一氧化碳（CO）、臭氧（O_3））、气象因子（温度、相对湿度、海平

71

面气压、平均风向、平均风速)、时间因子(月、周、日)、之前时刻的影响因子(前 1 小时、前 2 小时、前 3 小时、前 6 小时的空气质量因子和气象因子)。

(2)构建基于随机森林模型的未来 1 小时 PM2.5 浓度预测模型,将通过数据清洗和时序化处理后的数据采用相关系数法选择输入特征,并运用固定参数法和交叉验证对模型进行参数调节,寻找最优参数组合。最后对比模型在所有空气质量监测站点的拟合结果,验证预测模型的有效性。

(3)利用 ArcGIS 软件将北京市城市道路抽象为图论中的网络图,对照原始的道路图构建其相应的网络拓扑关系,并将其中的道路相交点和道路路段持久化为 Neo4j 图数据库中的节点和关系。

(4)使用反距离权重法对 PM2.5 预测值进行空间插值,得到北京市区域格网内的 PM2.5 浓度均值,然后根据道路路段信息和格网 PM2.5 浓度值构建格网路段 PM2.5 相对暴露风险计算模型,并评估北京市各路段的 PM2.5 相对暴露风险,以此来说明基于 PM2.5 暴露风险权重的出行路径规划对推导居民绿色健康出行的意义。

(5)使用 Django 框架完成基于 PM2.5 暴露风险的城市绿色健康出行系统的开发,通过系统需求分析、总体架构安排、各模块逻辑流程完善和数据库结构设计逐步实现系统的各个功能模块,最后对系统进行功能性和非功能性测试。

2.4　相关理论与技术

2.4.1　随机森林理论

随机森林算法是 Leo Breiman 和 Adele Cutler 为解决单棵决策树面临的欠拟合或过拟合问题所提出的一种有监督的学习算法[41],它是一种基于 Bagging 思想的集成学习算法,通常选取的基学习器为决策树模型,然后将多个基学习器通过一定的策略组合成一个性能强大的强学习器,因此被广泛运用于解决分类或回归问题。该算法若用于解决分类问题，则最终结果取自所有基学习器预测的分类结果的众数；若用于解决回归问题，则最终结果取自所有基学习器预测的回归结果的平均数。

2.4.1.1 Bagging 集成学习算法

Bagging（Bootstrap Aggregating）集成学习算法是 Leo Breiman 等人为降低预测误差而提出的一种用重采样生成数据集进行训练的方法[42]，该方法通过构建多个相互独立的基学习器，并根据一定规则整合所有基学习器的结果，从而使得预测结果要优于单个基学习器所产生的结果，这种算法还可有效地避免过拟合现象的发生。

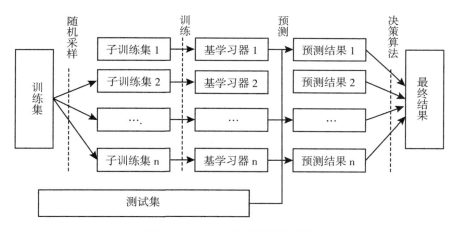

图 2.1 Bagging 集成学习流程图

Bagging 集成学习算法的主要流程如图 2.1 所示，通过对训练集进行固定数量样本的随机采样，即多次有放回地对训练数据集进行采样，生成多组相互独立的子训练集，这些子训练集的数据样本数相同，均为原始训练集数据容量，但是其中的数据却各不相同，每一个基学习器使用单独一组训练集进行训练，从而训练出各不相同的多个基学习器，最后再由每一个基学习器参与测试集预测，产生的预测结果通过投票或者平均的决策算法生成最终结果。由于 Bagging 集成学习算法使用的随机采样是有放回的，故在每一轮的重采样过程中，约有 36.8% 的训练集数据样本没有被采样到，即未被装入"袋"中，这些数据被称为袋外数据 OOB(Out Of Bag)，且其未参与到基学习器的训练过程，通常被用作模型泛化能力的检测。

2.4.1.2　决策树

决策树算法不仅是机器学习领域中经典的分类与回归算法，同时也被认为是数据挖掘领域十大经典算法之一。决策树模型呈现为自顶向下由节点和边组成的树结构，节点又分为内部节点(特征)和叶节点(类)两种类型，图 2.2 为决策树示例图，图中椭圆代表内部节点、正圆代表叶节点。而决策树的构造则是在特征输入空间中不断迭代分裂特征的过程，图 2.3 为图 2.2 对应的二维特征输入空间的递归特征分裂图，图中 x_1 和 x_2 代表特征、a_1 至 a_4 代表特征取值、A 至 E 代表类别，第一次特征分裂发生在 $x_1 \geqslant a_1$ 时，它将二维特征空间划分为了两个子特征空间，然后迭代拆分，直至叶节点上的样本都属于同一类别。

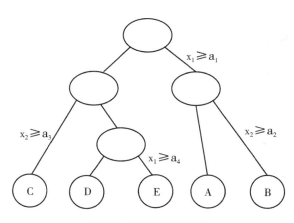

图 2.2　决策树示例图

决策树的构建共包括三个步骤：特征选择、树的生成和树的剪枝。决

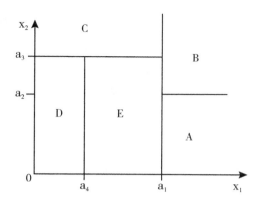

图 2.3 二维特征空间的递归特征分裂

策树的生成是通过递归选择最优特征进行节点分裂，从而向下生长，这样做考虑了树的局部最优状态；树的剪枝是裁剪掉过于细分的叶节点，从而增强模型的泛化能力，这样做考虑了树的全局最优状态；特征选择是选择最佳属性进行特征分裂，通常使用信息增益、信息增益比或基尼指数作为特征分裂方法，分别对应着不同的决策树算法。

（1）信息增益

使用信息增益作为属性选择的决策树算法是 ID3 算法，它会选择信息增益最大的属性作为分支节点的分裂属性，而在决策树生成过程中的信息增益会被定义为训练数据集中分支节点的熵（Entropy）与条件熵之差。

分支节点的信息熵为：

$$H(D) = -\sum_{k=1}^{K} \frac{|C_k|}{|D|} \log \frac{|C_k|}{|D|} \tag{2.1}$$

其中，D 代表分支节点，$|D|$ 代表 D 的样本个数，C_k 代表 D 中属于第 k 类的样本子集，$|C_k|$ 代表属于 C_k 的样本个数。

特征对分支节点的条件熵为：

$$H(D \mid A) = \sum_{i=1}^{n} \frac{|D_i|}{D} H(D_i) = -\sum_{i=1}^{n} \frac{|D_i|}{D} \sum_{k=1}^{K} \frac{|D_{ik}|}{|D_i|} \log \frac{|D_{ik}|}{|D_i|} \tag{2.2}$$

其中，A 代表特征，D_i 代表特征 A 的取值将 D 划分的子集，$|D_i|$ 代表 D_i 的样本个数，D_{ik} 代表子集 D_i 中属于 C_k 的样本集合，$|D_{ik}|$ 代表 D_{ik} 的样本个数。

由公式(2.1)和(2.2)可以计算出信息增益：

$$g(D, A) = H(D) - H(D \mid A) \tag{2.3}$$

其中，$g(D, A)$ 代表以特征 A 划分分支节点 D 后的信息增益，即不确定性的减少程度。

（2）信息增益比

为了解决用信息增益来分裂特征时偏向于选择取值较多的特征的问题，Quinlan 在 1993 年提出了 C4.5 算法[43]。该算法使用信息增益比划分节点属性，通常选择信息增益比最大的属性作为分支节点的分裂属性。

分支节点关于特征 A 的值的熵为：

$$H_A(D) = - \sum_{i=1}^{n} \frac{|D_i|}{|D|} \log \frac{|D_i|}{|D|} \tag{2.4}$$

其中，D_i 代表特征 A 的取值将 D 划分的子集，$|D_i|$ 代表 D_i 的样本个数，D 代表分支节点，$|D|$ 代表 D 的样本个数。

由公式(2.4)计算信息增益比：

$$g_R(D, A) = \frac{g(D, A)}{H_A(D)} \tag{2.5}$$

其中，信息增益比 $g_R(D, A)$ 由信息增益 $g(D, A)$ 乘以惩罚参数求得，惩罚参数即为分支节点关于特征 A 的熵 $H_A(D)$ 的倒数。

（3）基尼指数

分类回归树(CART)算法[44]是使用基尼指数作为特征选择的节点属性的分裂方法。基尼指数常被用来度量样本集合的不确定性，基尼指数值越大，样本集合的不确定性也就越大，通常选择在特征的取值条件下基尼指数最小的属性作为分支节点的分裂属性。

分支节点 D 的基尼指数为：

$$\mathrm{Gini}(D) = 1 - \sum_{k=1}^{k} \left(\frac{|C_k|}{|D|} \right)^2 \tag{2.6}$$

其中，D 代表分支节点，$|D|$ 代表 D 的样本个数，C_k 代表 D 中属于第 k 类的样本子集，$|C_k|$ 代表属于 C_k 的样本个数。

在特征 A 的条件下，分支节点 D 的基尼指数为：

$$\text{Gini}(D, A) = \sum_{i=1}^{n} \frac{|D_i|}{D} \text{Gini}(D_i) \qquad (2.7)$$

其中，D_i 代表特征 A 的取值将 D 分割的样本子集，$|D_i|$ 代表 D_i 的样本个数。

2.4.1.3　随机森林

随机森林(Random Forest)模型是最具代表性的 Bagging 集成学习算法，它使用 Bagging 算法构建若干棵相互独立的决策树，并将其融合成为一整片"森林"，使得该算法相较于单棵决策树而言有着更好的分类和回归表现。在随机森林生成过程中，采用随机样本选择和随机特征选择的方法构建每棵决策树，即构建多个在局部领域学习的弱学习器，最后采用结合策略将所有弱学习器融合成一个全局的强学习器。当对测试样本进行预测时，通过统计森林中每棵树的预测结果，选取多数类或平均值作为随机森林的最终结果。

随机森林的构建流程见图 2.4，其算法主要步骤如下：

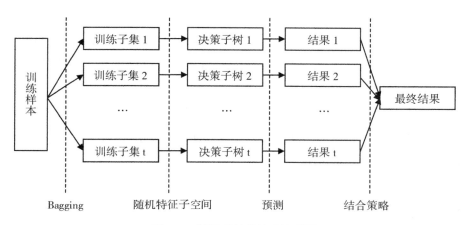

图 2.4　随机森林的构建流程图

（1）采用 Bagging 算法有放回地随机采集训练样本子集。

（2）在特征输入空间中随机抽取 t 个特征形成随机特征子空间，并构建单棵决策树。每次从随机生成的特征子空间中选择最优特征进行节点分裂，直至所有特征都被选择或叶节点上的样本都属于同一类别。在这一步中不进行决策树的剪枝。

（3）重复步骤(1)、(2)，构建 t 棵决策子树，从而形成森林。

（4）在对样本进行预测时，使用不同的结合策略统计出 t 棵决策子树的最终结果。若构建的是分类模型，结合策略为投票法；若是回归模型，结合策略则为平均法。

与其他机器学习算法相比，随机森林的优势主要在于引入了"双随机"的理念，具体如下：

（1）训练样本的随机性。随机森林采用 Bagging 集成学习算法有放回地随机抽取相同数量的训练样本子集，且每份训练样本子集的容量等于原始训练数据的容量，从而让训练样本子集各不相同，这使得每棵决策树所使用的训练数据集之间存在互异性，保证了决策树之间的独立性。

（2）特征空间的随机性。随机森林在构建每棵决策树时都是从总体特征空间中随机抽取特定数量的特征作为节点的分裂特征，而不是将总体特征空间中的全部特征作为分裂特征，故每棵决策树的随机特征空间子集都不一样，从而使得决策树生成时所使用的特征空间多元化，保证了决策树生成时的差异性。

此外，随机森林由于其"双随机"性还具有其它优点：（1）抗噪声能力强，不易发生过拟合；（2）能够直接对高维度数据进行训练，无需使用数据降维等操作；（3）既能处理连续型数据，也可处理离散型数据，对数据的适应能力强；（4）能估计特征的重要程度以及不同特征之间的相互影响关系；（5）可以并行训练基学习器，执行效率高。

2.4.2　Neo4j 图数据库

2.4.2.1　Neo4j 图数据库简介

Neo4j 图数据库是使用 Java 语言开发的面向网络结构的图形数据库，

该数据库基于图的数据结构存储，数据信息以节点和关系进行保存，在图的遍历、复杂数据模型的关系查询等方面与传统的关系型数据库以及其他 NoSQL 数据库相比有着更强的性能优势，通常被用于社交网络、地理信息等业务。自 2003 年发布以来，Neo4j 图数据库就被作为 24/7（全天候提供服务）的产品使用，现已被 eBay、Walmart 等公司应用于产品开发。图 2.5 显示了 2020 年 DB-Engines 网站中各数据库的流行程度，共有 363 个数据库参与排名，Neo4j 在 2020 年 12 月份的流行度排名为第 19 名，相较于上个月和前一年均有提升；图 2.6 展示了 2020 年 DB-Engines 网站中图数据库流行度的前三名，Neo4j 在图数据库中的排名高居首位。由此可见，Neo4j 图数据库正在进入公众视野，流行于各类业务场景的开发。

	Rank			DBMS	Database Model	Score		
Dec 2020	Nov 2020	Dec 2019				Dec 2020	Nov 2020	Dec 2019
15.	15.	↓14.	Hive	Relational	70.27	+0.01	-15.78
16.	↑17.	↑25.	Microsoft Azure SQL Database	Relational, Multi-model 🛈	69.49	+2.50	+41.60
17.	↓16.	↓16.	Amazon DynamoDB 🛨	Multi-model 🛈	69.12	+0.23	+7.49
18.	18.	↓16.	SAP Adaptive Server	Relational	54.88	-0.51	-0.66
19.	↑20.	↑22.	Neo4j 🛨	Graph	54.64	+1.10	+4.08
20.	↓19.	20.	SAP HANA 🛨	Relational, Multi-model 🛈	52.50	-1.08	-1.67
21.	21.	↓17.	Solr	Search engine	51.24	-0.57	-5.98

363 systems in ranking, December 2020

图 2.5　2020 年 DB-Engines 数据库流行度

☐ include secondary database models　　*32 systems in ranking, December 2020*

	Rank			DBMS	Database Model	Score		
Dec 2020	Nov 2020	Dec 2019				Dec 2020	Nov 2020	Dec 2019
1.	1.	1.	Neo4j 🛨	Graph	54.64	+1.10	+4.08
2.	2.	2.	Microsoft Azure Cosmos DB 🛨	Multi-model 🛈	33.54	+1.04	+2.11
3.	3.	↑4.	ArangoDB 🛨	Multi-model 🛈	5.51	+0.14	+0.64

图 2.6　2020 年 DB-Engines 图数据库流行度

2.4.2.2　Neo4j 图数据库特点

Neo4j 是一个高性能的 NoSQL 图形数据库，它通过成熟的 Java 持久化引擎将结构化数据以非结构化的方式存储在网络中，具有如下特点：

（1）高安全性。Neo4j 有完整的 ACID（原子性、一致性、隔离性、持久性）事务机制，确保所存储的数据在发生故障、断电等意外情况后能快速恢复。

（2）高可解释性。Neo4j 将数据表示为图数据结构，并以节点和关系进行数据的存储，与传统的关系型数据库所使用的复杂 E-R 模型相比，Neo4j 在数据表示上更加直观，提供的可视化界面更为友好。

（3）高性能。基于 Apache Lucene（成熟的全文索引检索工具）实现的 Noe4j 图数据库存储索引结构，对于数据持久化的执行效率较高，能够存储访问数百亿个实体。

（4）高可读性。Neo4j 采用 CQL（Cypher Query Language）进行数据查询，其中 Cypher 是类似于 SQL 的图数据库查询语言，语法结构清晰简明，即使是非常复杂的数据库查询也能用其简单地表达出来。

（5）高可用性。Neo4j 可以分布式地部署于多台设备，实现集群规模的快速扩展，可以支持亿级的节点、关系或者属性。

2.4.2.3　Neo4j 与其他数据库的对比

Neo4j 与传统的关系型数据库相比，更注重实体间的关系。关系型数据库通过表结构和外键约束存储关系，从实体访问另一实体需要依据外键跨表查询，执行效率较低，而 Neo4j 图数据库直接使用关系连接实体节点，简化了建模的复杂程度，可以通过图算法高效地实现实体节点间的查询。

Neo4j 与其他 NoSQL 数据库相比，是更适合存储实体间复杂关系的数据库。虽然键值存储方式对于 Redis、MongoDB 和 Hbase 数据库有着更高的查询效率，但是这些数据库的数据结构相对简单，无法表达复杂的实体关系。表 2.1 分析了传统关系型数据库和各类 NoSQL 数据库产品的数据模型、优缺点和经典的应用场景。由表可知，与其他数据库产品相比，Neo4j 在处理实体间关系较为复杂的应用场景时有着更高的性能优势。

表 2.1　　　　　　　　　　　　**各类数据库产品的比较**

类别	产品名	典型应用场景	数据模型	优点	缺点
图数据库	Neo4j	社交网络、地图系统等	图结构	基于图数据结构查询效率高	查询时通常需要遍历整个图
关系型数据库	MySQL	CURD 等业务场景	E-R 图	使用 SQL 语句，可用于复杂查询	面对海量数据的读写性能低下
键值数据库	Redis	大数据量的高访问负载缓存	Key-Value	查找速度快	数据无结构化，存储容量受限于机器内存
列式数据库	Hbase	分布式的文件存储系统	列簇	查询速度快，可扩展性强	数据查询功能相对局限
文档型数据库	MongoDB	Web 应用	Key-Value	数据结构要求不严格，表结构可变	不支持事务操作，对存储空间占用较大

　　电子地图的核心是地理信息，地点、路段和两者之间的关系则是电子地图中最为重要的部分，而电子地图中的道路往往纵横交错，故在数据存储时需要使用能够处理实体间复杂关系的高性能数据库。另外，在电子地图中通常包含着数百万的道路相交节点和路段，这对于节点和关系的查询性能有着一定要求。基于以上原因，本研究选择用 Neo4j 图数据库将电子地图的路网数据持久化为节点和关系，将该数据库提供的图算法作为最短路径查询的技术支撑，并将其用作系统的数据持久层解决方案。

2.5　研究区域

　　北京市地理坐标位于北纬 39.4°到 41.6°、东经 115.7°到 117.4°之间，由 16 个区县组成，总占地面积约 16400 平方千米。在地形上北京总体呈现西高东低的特征，被西部的太行山脉和北部的燕山山脉环绕，中部和东南部地区则处于平原地带，整体海拔约为 2000 米。在气候上属于典型的温带季风气候，受季风的影响，北京市的温度和降水量随季节变化明显，夏季温度高降雨集中，冬季温度低、气候干燥。

北京市的城市道路网分布为典型的"方格网+环形放射"式混合型结构，城市交通路网错综复杂。如图 2.7 所示，旧城区的布局为九宫格，是典型的方格网式路网结构，而随着城市的快速发展，城市道路规模逐渐增大，不断由旧城中心向四周延伸呈放射状的干道，再加上北京环路的修建，形成了环形放射式格局。其中，北京市城市道路总长达 4000 公里，道路面积约 4900 万平方米，而城市公路总里程已达到 14000 公里，公路密度约为每平方公里 0.83 公里。

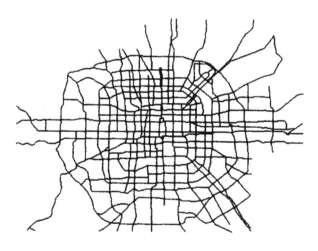

图 2.7　北京市城市道路布局图

根据北京市生态环境监测中心统计[45]，2019 年北京市 PM10、NO_2 年均浓度首次达到国家标准（70 μg/m³、40 μg/m³），SO_2 年均浓度稳定达到国家标准（60 μg/m³），但 PM2.5 仍是北京市空气污染的主要污染物，其年均浓度为 42 μg/m³超过国家标准(35 μg/m³)20%。上述污染物的浓度数据均由城市空气质量监测系统实时采集，它能够自动化、不间断、全天候地监测空气环境中污染物的浓度值，监测结果为 1 小时内采样值的平均值。北京市的空气质量监测站点以所属的区域和职能划分为 5 个类别，共计 35 个站点，具体分为城市环境评价点(12 个)、郊区环境评价点(11 个)、对照点及区域点(7 个)、交通污染监控点(5 个)。除此之外，北京市还有包括北京站(编号 54511)在内的 18 个气象要素观测站点。具体的空气质量监测站点和气象要素观测站点在北京市的分布如图 2.8 所示。

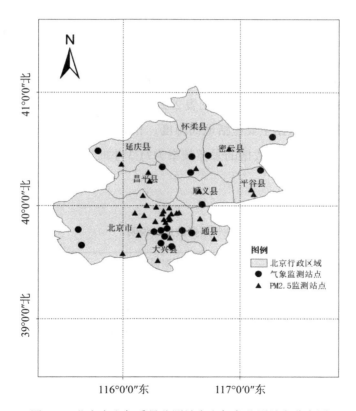

图2.8 北京市空气质量监测站点和气象监测站点分布图

2.6　数据来源与数据预处理

2.6.1　数据来源

本研究使用的空气质量监测数据来自北京市生态环境监测中心网站（http：//www.bjmemc.com.cn/），气象监测数据从美国国家海洋和大气管理局网站（https：//www.noaa.gov/）采集，选取的时段是 2017 年 1 月 1 日至 2019 年 12 月 31 日。具体如下：

（1）北京市空气质量数据包括 AQI（空气质量指数）和空气中常见的六种污染物，其中 AQI 是定量描述空气质量状况的无量纲指数，由这六种空气污染物各自的含量通过加权平均折算所得。数据的采样频率为每小时 1 次，共 26280 条数据，具体说明见表 2.2。

（2）气象实况数据主要包括地面温度、相对湿度、海平面气压、风速、风向等气象观测资料，数据的采样频率为每 3 小时 1 次，共 8760 条数据，具体说明见表 2.3。

表 2.2　　　　　　　　　　空气质量数据及说明

空气质量因子	数据说明	单位
AQI	AQI 实时值	N/A
PM2.5	PM2.5 实时浓度	$\mu g/m^3$
PM2.5_24h	PM2.5 24 小时滑动均值	$\mu g/m^3$
PM10	PM10 实时浓度	$\mu g/m^3$
PM10_24h	PM10 24 小时滑动均值	$\mu g/m^3$
SO2	SO2 实时浓度	$\mu g/m^3$
SO2_24h	SO2 24 小时滑动均值	$\mu g/m^3$
NO2	NO2 实时浓度	$\mu g/m^3$

空气质量因子	数据说明	单位
NO2_24h	NO2 24 小时滑动均值	$\mu g/m^3$
O3	O3 实时浓度	$\mu g/m^3$
O3_24h	O3 24 小时滑动均值	$\mu g/m^3$
CO	CO 实时浓度	$\mu g/m^3$
CO_24h	CO 24 小时滑动均值	$\mu g/m^3$

表2.3   **气象数据及说明**

气象因子	数据说明	单位
Temp	气温	℃
Rel_Hum	相对湿度	%
Pressure	海平面气压	hPa
Wind_Dir	平均风向(角度)	°
Wind_Speed	平均风速	km/h
Max_Temp	最高气温	℃
Min_Temp	最低气温	℃
Vapor	水气压	hPa
Clouds	总云量	%

    本研究使用的城市地图道路数据来自公开道路地图 OpenStreetMap 网站（https：//www. openstreetmap. org/），这是一项面向全球用户的免费开放、自由可编辑的地图服务，被广泛用于地理数据分析中。本研究截取的北京市地理数据范围为北纬 39. 311° 至北纬 41. 165° 和东经 115. 322° 至东经 117. 537°。

2.6.2   空气质量监测数据及气象数据的预处理

    由于美国国家海洋和大气管理局所记录的北京市气象观测站点只包括

北京站(编号 54511),故本研究通过单站点预报的方式构建北京市 PM2.5
浓度预测模型。为了确保 PM2.5 预测的准确性,本研究选择与气象站点距
离最近的空气质量监测站点,将它们的历史气象数据和历史空气污染物浓
度数据结合来建立预测模型,模型的最终预测性能则通过其他站点的数据
进行综合评估。经过调查,本研究最终选取了编号为 54511 的北京市气象
观测站点和距离其最近的亦庄空气质量监测站点作为实验站点进行建模
分析。

2.6.2.1　数据清洗

鉴于获取的数据集中会存在少量数据缺失的情况,故首先要做的是对
数据进行清洗。目前常用于处理缺失值的方法有:①直接删除法,将含有
缺失值的数据样本记录或特征直接删除,当含缺失值的样本记录占数据集
的比例非常小或样本数据大幅度缺失某一特征时使用该方法处理较为合
理;②人工补全法,对于因人为疏忽造成数据缺失的情况可以通过该方法
进行缺失值的填补,但若缺失的数据量较大,则会产生额外的时间开销,
执行效率低;③数值替代法,使用某个常量替代缺失值,或者将缺失值填
补为缺失属性的中心度量,一般使用中位数、众数或平均数进行填补;④
建模法,使用决策树、贝叶斯等数据挖掘方法,以缺失属性为预测项,通
过已知属性建立预测模型,从而预测填补缺失值。上述方法中①和②属于
无偏处理,方法③和④则可能会因为填补的数据不正确而造成有偏的预测
结果。

本实验数据中包含缺失值的特征因子及缺失值的处理方法见表 2.4。
由表可知,包含缺失值的数据主要集中于 PM10 特征,缺失数据达到 11245
条,故直接删除该特征。同时,AQI 和空气污染物数据在某一时段整体缺
失,共计 1803 条,故也使用直接删除法,剔除此缺失记录,从而避免有偏
填补。为了保证样本和特征充足,对余下数据中的缺失值都使用均值替换
法进行处理。

表 2.4 **数据缺失值统计及处理方法**

含缺失值的特征	缺失值数量	处理方法
AQI	1803	直接删除法，删除样本
PM2.5	2123	替换法，均值填补
SO2	2367	
NO2	2985	
O3	2183	
Wind_Speed	680	
PM10	11245	直接删除法，删除变量

2.6.2.2 输入因子的分析与改进

为了得到更好的预测效果，研究在引入输入因子时应该分析特征与标签之间的相关性，为特征选择提供科学的依据。同时，也要对数据进行挖掘以寻找更多与标签相关联的特征。

（1）PM2.5 与空气质量因子之间的相关性分析

PM2.5 与空气质量因子之间的相关性分析是指 PM2.5 浓度与 AQI、SO_2、NO_2、CO、O_3 数值之间的统计相关关系。图 2.9 至图 2.13 是 PM2.5 与其他五种空气质量因子相关性的散点拟合图，图中实线代表 PM2.5 与其他污染物浓度的线性拟合曲线，图例包括相应拟合曲线的表达式、Pearson 相关系数和 Spearman 相关系数。

基于图 2.9 至图 2.13 中的线性拟合曲线和拟合方程，以及与空气质量因子之间的相关系数，可初步得出以下结论：

PM2.5 与 AQI、SO_2、NO_2、CO 之间的相关系数均为正值，与 O_3 之间的相关系数为负值。且由拟合方程可知，PM2.5 与 AQI、SO_2、NO_2、CO 之间呈现出较强的正相关性，而与 O_3 呈现出一定的负相关性。

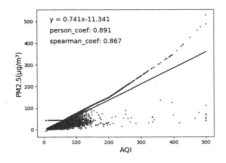

图 2.9　PM2.5 与 AQI 的相关性分析

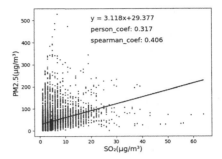

图 2.10　PM2.5 与 SO$_2$ 的相关性分析

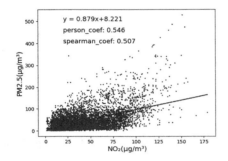

图 2.11　PM2.5 与 NO$_2$ 的相关性分析

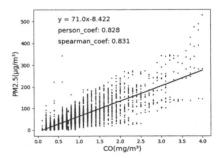

图 2.12　PM2.5 与 CO 的相关性分析

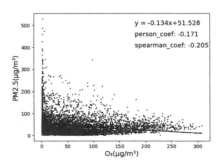

图 2.13　PM2.5 与 O$_3$ 的相关性分析

　　由线性拟合曲线和拟合方程可知，PM2.5 浓度值与 AQI 之间呈现出较为明显的线性相关性，而 PM2.5 与 O$_3$ 之间基本不存在线性相关性。由 PM2.5 与空气质量因子之间的 Pearson 相关系数和 Spearman 相关系数可知，

PM2.5 与 AQI 之间的相关系数最大，说明两者之间具有高度相关性；PM2.5 与 SO_2、NO_2、CO 的相关系数绝对值均大于 0.3，因此 PM2.5 与上述空气质量因子之间存在一定的相关性；而 PM2.5 与 O_3 的相关系数最小，相关性不明显。

综上可知，PM2.5 与空气质量因子之间同时存在着线性关系和非线性关系，且与 AQI 之间的相关性最为显著，呈现高度的正相关性，而与其他空气质量因子间也存在着不同程度的相关性。

(2)PM2.5 与气象因子之间的相关性分析

漂浮在空气中的 PM2.5 不仅与其他大气污染物有着密切联系，其形成、扩散和沉降的过程还受气象条件的影响，故还需对 PM2.5 与气象因子之间的相关性进行分析。气象因子主要包括温度(Temp)、相对湿度(Rel_Hum)、海平面气压(Pressure)、平均风向(Wind_Dir)和平均风速(Wind_Speed)。图 2.14 至图 2.18 展示的是 PM2.5 与各气象因子之间的相关性散点图，图中实线代表两者之间的线性拟合曲线，图例包括相应拟合曲线的表达式、Pearson 相关系数和 Spearman 相关系数。

基于图 2.14 至图 2.18 中的线性拟合曲线和拟合方程，以及 PM2.5 浓度与空气质量因子之间的相关系数，可得出以下结论：PM2.5 与五种气象因子之间存在着一定程度的相关性，其中与相对湿度、海平面气压的相关系数为正，而与温度、平均风向、平均风速呈现出负相关性，说明当相对湿度和海平面气压增加时 PM2.5 浓度会随之上升，但受温度、平均风向、平均风速增加的影响浓度会降低。对比 PM2.5 与空气质量因子(AQI 等)之间的相关性分析，可以观察到 PM2.5 与气象因子之间的相关性普遍较低，PM2.5 与空气质量因子之间的相关程度更高，故 PM2.5 浓度的变化受空气质量因子的影响更为明显。

(3)PM2.5 与时间因子之间的相关性分析

通过咨询专家并分析相关文献，了解到 PM2.5 浓度在不同时间尺度上存在一定的规律性，故本研究分别从月、周、日的时间尺度上探究 PM2.5 浓度变化规律。北京市空气质量监测站点共有 35 个，为全面分析不同时间对 PM2.5 浓度变化的影响，本研究选择了 3 个彼此分开的空气质量监测站点（亦庄开发区、密云镇、东城天坛）以比较分析 PM2.5 浓度随时间动态变化的特性。

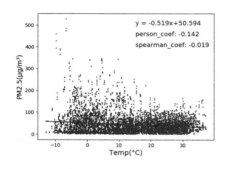

图 2.14　PM2.5 与温度的相关性分析

图 2.15　PM2.5 与相对湿度的相关性分析

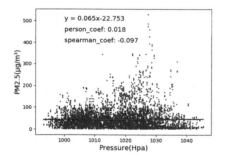
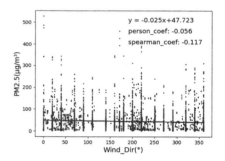

图 2.16　PM2.5 与海平面气压的相关性分析　　图 2.17　PM2.5 与平均风向的相关性分析

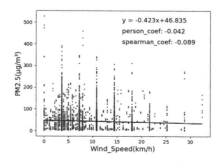

图 2.18　PM2.5 与平均风速的相关性分析

（1）PM2.5 浓度月际变化规律分析

为了分析 PM2.5 浓度在月份中的变化规律，研究中首先绘制出上述空气质量监测站点的 PM2.5 浓度月份变化规律图，如图 2.19 所示。由图可知，PM2.5 浓度在整体上呈现出春冬季高、夏秋季低的格局，这主要是受污染物排放及气候条件的影响。冬季为北京地区城市采暖期，排放的煤烟粉尘显著增加，且长时间的低温会造成机动车燃料燃烧不充分，尾气污染排放物增加；同时，冬季容易形成"下冷上热"的逆温层，不利于污染物对流扩散，而春季气候干燥，降水量少且持续时间短，同样不利于污染物消散，故春冬季 PM2.5 浓度相对较高；随着夏季温度上升，温带气旋活动频繁、降雨量大且密集，大气污染物受稀释、沉降等物理化学变化的影响而减少，故夏季 PM2.5 浓度相较于其他季节更低。由此可见，PM2.5 浓度变化和月份有着明显的相关关系，且受月份的影响比较大。因此，为提高预测结果的精度，本研究将月份特征加入预测模型。

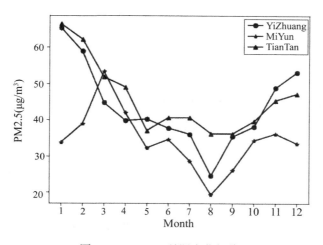

图 2.19 PM2.5 月际变化规律

（2）PM2.5 浓度周际变化规律分析

2017—2019 年北京市 3 个空气质量监测站点周际 PM2.5 平均浓度分布变化见图 2.20。由图可知，PM2.5 浓度在一周中的变化规律为：从周一至周六逐步增高至峰值，然后呈下降趋势。这可能与城市的活动强度有关，周一至周五为工作日，交通、工业排放等城市活动强烈，造成大气污染物逐渐积累，故城市地区 PM2.5 浓度逐渐升高，而周末为休息日，城市活动强度相应减弱，大气污染物排放量减少，故城市地区 PM2.5 浓度开始下降。因此，为提高预测结果的精度，本研究将星期特征加入预报模型。

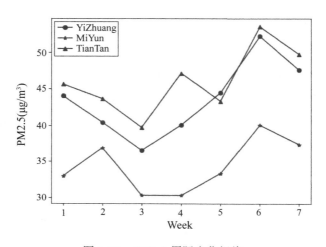

图 2.20　PM2.5 周际变化规律

（3）PM2.5 浓度日际变化规律分析

图 2.21 是北京市 3 个监测站点日际每小时均值变化规律图。由图可知，北京市一天内的 PM2.5 浓度大致呈现出白天低晚上高的特点，且上午 9 时左右和晚上 20 时左右分别为白天和晚上的 PM2.5 较高浓度时间点，这主要是因为气象变化和人为活动：夜晚温度较低，容易形成不利于大气污染物扩散的逆温层，而白天太阳辐射强度大，气温逐渐升高，逆温层被打破，故白天相较于晚上的 PM2.5 浓度更低；早上 9 时和晚上 20 时为上下班高峰期，交通流量较大，车辆尾气污染物排放增多，故 PM2.5 浓度较高。因此，为提高预测结果的精度，本研究将小时特征加入预报模型。

（4）PM2.5 与之前时刻影响因子之间的相关性分析

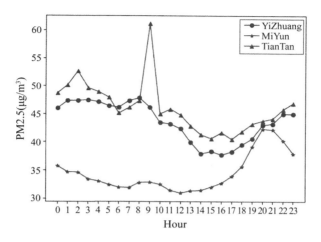

图 2.21　PM2.5 日际变化规律

考虑到大气中污染物的物理化学反应和气象因素的更迭存在时延问题，故之前时刻的大气污染物和气象条件可能会影响当前时刻的 PM2.5 浓度变化。为探究两者具体的影响程度，本研究分别计算出 PM2.5 与前 1 小时、前 2 小时、前 3 小时、前 6 小时的空气质量因子和气象因子之间的 Pearson 相关系数和 Spearman 相关系数，并对相关性强弱进行数据可视化分析，如图 2.22 至图 2.25 所示。

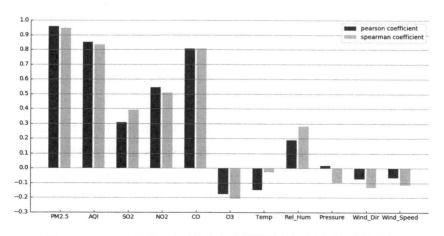

图 2.22　PM2.5 与前 1 小时的空气质量因子和气象因子相关性分析

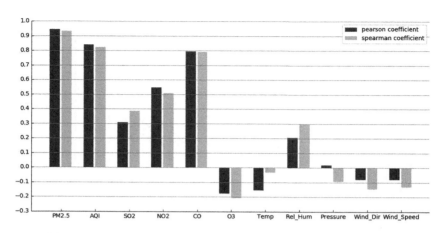

图 2.23　PM2.5 与前 2 小时的空气质量因子和气象因子相关性分析

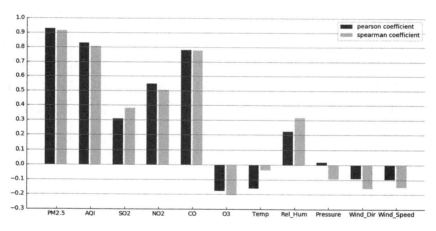

图 2.24　PM2.5 与前 3 小时的空气质量因子和气象因子相关性分析

综合图 2.22 至图 2.25 可知，随着小时数的增加，PM2.5 与之前时刻的空气质量因子之间的 Pearson 相关系数和 Spearman 相关系数不断降低。PM2.5 和前 1 个小时的空气质量因子的相关程度最高，而且与前 1 小时的 PM2.5、AQI、CO、NO_2 相关系数值均达到 0.5 以上。相较于空气质量因子而言，PM2.5 与之前时刻的气象因子之间的相关系数值偏低，但也不能忽

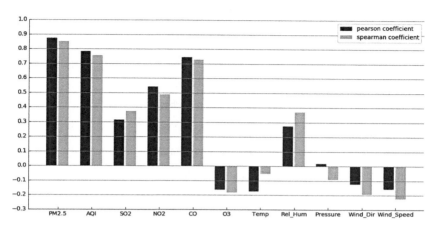

图 2.25　PM2.5 与前 6 小时的空气质量因子和气象因子相关性分析

略不计。由此说明，PM2.5 与之前时刻的空气质量因子和气象因子之间存在着一定的相关关系。因此，为提高预测结果的精度，本研究将之前时刻的影响因子加入预报模型。

2.6.3　电子地图数据的预处理

电子地图通常为向量式图像存储结构，存储的内容包括实际的地理数据和各类标识信息。本研究采用地理拓扑化方法将电子地图中的地理数据抽象为网络图中的节点和边，并定义电子地图中的道路相交路口为图中的节点、路段为图中的边，最后将节点和边持久化到 Neo4j 图数据库中。

（1）地图数据拓扑化

本研究使用 ArcGIS 地理软件进行地理数据的拓扑化工作，该软件提供了构建对象空间拓扑关系的功能，并且能够对所建立的拓扑关系进行编辑和处理。首先，通过 ArcGIS 工具箱 OpenStreetMap 将北京市的电子地图转化为 Shapefile 矢量图格式[46]，Shapefile 文件用于描述几何体对象，其中必须包括 3 个基础几何与属性数据的文件，还有 8 个可选的可增强空间数据表达能力的文件，具体说明见表 2.5。

表 2.5　　　　　　　　　　**Shapefile 文件说明**

文件后缀	文件说明	是否必须
. shp	元素的几何实体	
. shx	几何实体的索引	是
. dbf	几何实体的属性数据	
. prj	地理坐标系统与投影信息	
. sbx	几何实体的空间索引	
. fbx	只读 Shapefile 文件的几何实体空间索引	
. aih	活动字段的属性索引	
. ixs	可读写 Shapefile 文件的地理编码索引	否
. mxs	可读写 Shapefile 文件的地理编码索引（ODB 格式）	
. atx	. dbf 文件的属性索引	
. xml	元数据的 XML 格式	

之后，为构建道路网络拓扑结构，需对地理数据中的线对象进行相交打断，使用 ArcGIS 的打断相交线工具在道路相交点处进行打断，如图 2.26 所示，实线代表道路，三角形代表道路相交点，原始网络共有 3 条道路，打断相交点后，共生成 6 条道路。

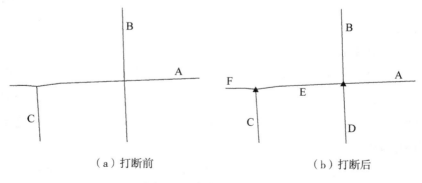

　　　　（a）打断前　　　　　　　　　　　（b）打断后

图 2.26　打断道路相交线

地图数据完成地理空间拓扑化后，将输出为点图层文件和线图层文件，点图层文件保存的是地图道路相交点的信息，线图层文件则保存了道路相交点之间的路段信息。为了对上述点、线数据有更直观的概念，这里使用 ArcGIS 地理软件将其进行空间可视化展示。图 2.27 为道路的点图层数据源，其中的圆点即为道路相交点，图 2.28 为道路的线图层数据源，其中包括部分道路相交点和道路线。

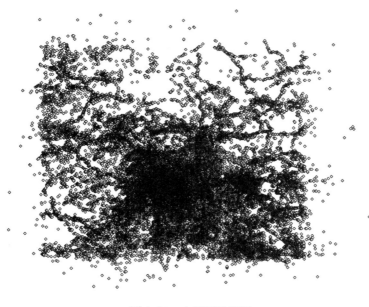

图 2.27　点图层数据源

（2）基于 Neo4j 的路网数据存储

由于道路数据网络规模庞大，为将其高效地导入 Neo4j 图数据库中存储，需提取北京市城市道路点图层和线图层文件中的相交点信息和路段信息，并将其保存为 CSV 文件，对应格式如图 2.29 所示。

将 CSV 文件导入到 Neo4j 图数据中共有两种方法，一种是通过 Cypher 语句 LOAD CSV 读取 CSV 文件，另一种是使用官方提供的命令行工具 Neo4j-import 导入 CSV 文件规模。前者适用于规模在 1 万至 10 万的节点导

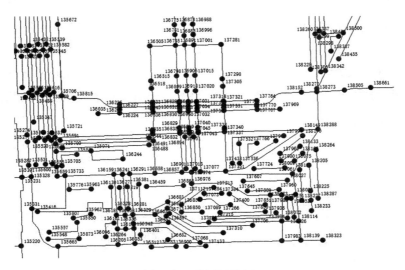

图 2.28　线图层数据源

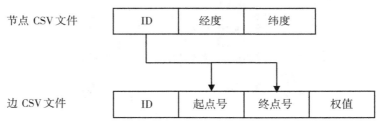

图 2.29　路网数据输入格式

入，通常速度在 5000 节点每秒，而后者适用于千万级节点的导入，速度在几万节点每秒。因此，考虑到路网数据的量级以及导入时长，本研究选择使用 Neo4j-import 工具导入节点 CSV 文件和边 CSV 文件，具体导入语句如下：

Neo4j-import　　--into　graph. db　　--nodes　Nodes. csv　　--relationships Edges. csv

其中，graph. db 代表导入数据的数据库名称，Nodes. csv 和 Edges. csv 则代

表所保存的节点 CSV 文件和边 CSV 文件。

经过上述数据导入操作，路网数据的相交点信息和路段信息被存储到 Neo4j 图数据库中，通过数据库提供的可视化工具可以直观地看到数据在图数据库中的组织形式，共生成了 286098 个节点和 419264 条关系（图 2.30）。图中每个圆点代表经过拓扑化的城市路网中的相交节点，两个节间的连线则代表节点之间的关系，即为道路路段。同时，在节点和关系中存储了大量的属性，节点保存着相交点的 ID 和经纬度坐标，关系保存着两个节点的 ID 和道路权重值。

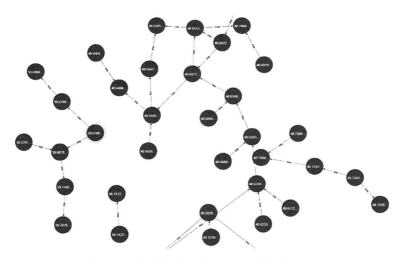

图 2.30　路网数据在 Neo4j 中的可视化展示

2.7　基于 PM2.5 暴露风险权重的路径规划研究

2.7.1　研究思路

基于 PM2.5 暴露风险权重的路径规划的研究思路如图 2.31 所示，共分为三个部分：基于随机森林的 PM2.5 浓度预测模型构建、基于反距离权重法的 PM2.5 浓度空间插值和基于 Neo4j 的最低风险路径查询。

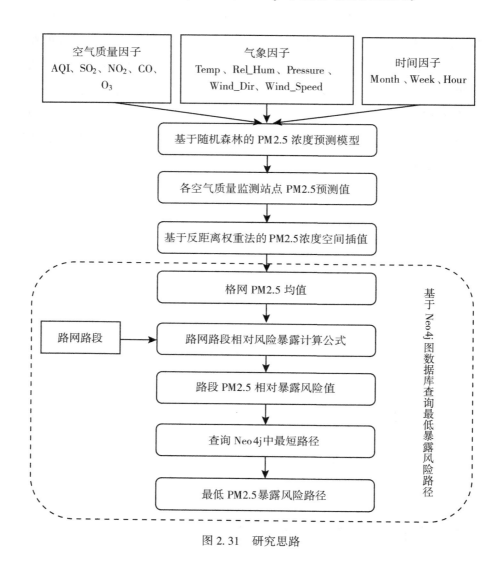

图 2.31　研究思路

　　本研究的思路是：首先，根据前面所论述的数据预处理方法，将空气质量因子、气象因子和时间因子作为输入特征，其中空气质量因子和气象因子包括当前时刻和之前时刻的数据，以此构建基于随机森林的 PM2.5 浓度预测模型，并预测北京市所有空气质量监测站点的 PM2.5 浓度值；其次，利用反距离权重法将所有空气质量监测站点的 PM2.5 浓度预测值进行空间插值，由此得到北京市区域格网的 PM2.5 预测值；最后，将格网的 PM2.5 预测值与路网路段进行耦合，构建路段 PM2.5 相对暴露风险的计算模型，并由此评估出路网路段的 PM2.5 相对暴露风险，然后将其保存到已存储路网数据的 Neo4j 图数据库中，将节点间关系的权值属性进行更新，之后再根据 Neo4j 图算法查找节点间的最短路径，即为 PM2.5 暴露风险最低的路径。

2.7.2 基于随机森林的 PM2.5 浓度预测模型构建

（1）数据集的选择及划分

本研究所使用的数据集为 2017 年 1 月 1 日至 2019 年 12 月 31 日北京市亦庄站空气质量监测数据及北京站气象数据，其中空气质量监测数据的采样频率为每 1 小时 1 次，气象数据的采样频率为每 3 小时 1 次。为保证数据一致性，本研究将气象数据中缺失的时刻记录使用最近邻采样记录进行补全。

由前面的讨论可知，PM2.5 浓度除了受当前时刻影响因子的影响外，还与之前时刻的空气质量因子和气象因子之间存在着不同程度的相关性，故也将其作为特征输入到 PM2.5 预测模型中以提高模型的预测精度。为便于模型训练，需采用时序化处理方法将原始数据进行数据格式化，故将本研究中所用参数（空气质量因子、气象因子）在某小时 t 的值表示为 X(t)，将 b 小时后的 PM2.5 浓度值表示为 Y(t+b)，研究中使用当前时间 t 前 a 小时的数据作为模型的特征，标签值为 b 小时后的 PM2.5 浓度值。数据格式化的预测特征和预测标签的构成图如图 2.32。

本研究为计算居民绿色健康出行路线，需要在考虑居民步行或骑行时间的基础上对 PM2.5 浓度进行短期预测，故令 b 等于 1，即预测未来 1 小时的 PM2.5 浓度。而从模型的预测精度和训练时间的角度，结合前面所讨论的 PM2.5 与之前时刻空气质量因子和气象因子之间的相关性，本研究选

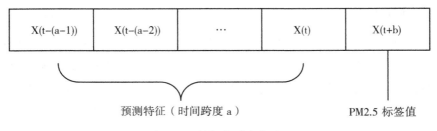

图 2.32　数据集时序化处理

择前 6 个小时作为时间跨度 a，并选择当前小时和前 2 个小时、前 3 个小时、前 6 个小时的特征均值作为预测特征。

依据前面对输入因子的改进与分析，本研究筛选出的相关特征集由 5 部分组成，共计 37 个特征，具体特征见表 2.6。

表 2.6　筛选出的相关特征集

特征类型	特征	特征说明
当前时刻特征	PM2.5	PM2.5 浓度
	AQI	AQI 指数
	NO_2	NO_2 浓度
	SO_2	SO_2 浓度
	CO	CO 浓度
	O_3	O_3 浓度
	Temp	温度
	Rel_Hum	相对湿度
前 2 小时特征	2h_PM2.5	前 2 小时 PM2.5 均值
	2h_AQI	前 2 小时 AQI 均值
	2h_NO_2	前 2 小时 NO_2 均值
	2h_SO_2	前 2 小时 SO_2 均值

特征类型	特征	特征说明
前 2 小时特征	2h_CO	前 2 小时 CO 均值
	2h_O₃	前 2 小时 O_3 均值
	2h_Temp	前 2 小时温度均值
	2h_Rel_Hum	前 2 小时相对湿度均值
前 3 小时特征	3h_PM2.5	前 3 小时 PM2.5 均值
	3h_AQI	前 3 小时 AQI 均值
	3h_NO₂	前 3 小时 NO_2 均值
	3h_SO₂	前 3 小时 SO_2 均值
	3h_CO	前 3 小时 CO 均值
	3h_O₃	前 3 小时 O_3 均值
	3h_Temp	前 3 小时温度均值
	3h_Rel_Hum	前 3 小时相对湿度均值
前 6 小时特征	6h_PM2.5	前 6 小时 PM2.5 均值
	6h_AQI	前 6 小时 AQI 均值
	6h_NO₂	前 6 小时 NO_2 均值
	6h_SO₂	前 6 小时 SO_2 均值
	6h_CO	前 6 小时 CO 均值
	6h_O₃	前 6 小时 O_3 均值
	6h_Temp	前 6 小时温度均值
	6h_Rel_Hum	前 6 小时相对湿度均值
	6h_Wind_Dir	前 6 小时风向均值
	6h_Wind_Speed	前 6 小时风速均值
时间特征	Month	预报时间点所在月份
	Week	预报时间点所在星期
	Hour	预报时间点所在小时数

（2）模型的训练

本研究利用 Python 3.7 进行随机森林模型的训练，主要采用的类为 Scikit-Learn 模块中的 RandomForestRegressor，并使用交叉验证进行误差估计，以测试模型的有效性。基本思路是将上一节选出的预测特征作为模型的输入特征，未来 1 小时的 PM2.5 浓度作为标签值，并随机划分 70% 的数据作为训练集，30% 的数据为测试集。

随机森林算法的优势主要来自训练样本和特征空间的随机性，故影响模型预测能力的参数包括决策树子树的个数（n_estimators）和随机选择特征分裂时选择特征的个数（max_features）。为获得 n_estimators 和 max_features 的最优参数组合，本研究通过固定参数法将其中一个参数固定，对另一参数进行调整变化，并使用交叉验证观察参数变化对模型准确度的影响。

（1）固定参数 max_features，选择最优的参数 n_estimators

固定参数 max_features 使用的是 RandomForestRegressor 类中的默认值，一般为特征数的开方。在图 2.33 所示的学习曲线中，横坐标代表参数决策子树的个数 n_estimators，纵坐标代表 10 次交叉验证下模型的均方根误差 RMSE。由图可知，在决策子树的个数从 1 增加到 300 的过程中，随着子树数量的增加，模型的 RMSE 先降低，后趋于稳定。若决策子树数量太少，模型就会过于简单，陷入欠拟合状态；而当决策子树数量过大时，模型的复杂程度增加，可能会出现过拟合的现象，影响模型训练效率。因此，参数 n_estimators 在某种程度上决定了模型的预测精度和执行效率。故综合以上两个方面，选取最优值 n_estimators = 170。

（2）固定参数 n_estimators，选择最优的参数 max_features

将决策子树的个数固定为最优值 170，观察模型的 RMSE 随着选择特征的个数 max_features 的变化情况。其取值范围在 1 到 20 之间，如图 2.34 所示，横坐标代表参数选择特征的个数 max_features，纵坐标代表 10 次交叉验证下模型的均方根误差 RMSE。由图可知，随着参数选择特征的个数 max_features 的不断增加，模型的 RMSE 先迅速下降，然后逐渐趋于收敛。

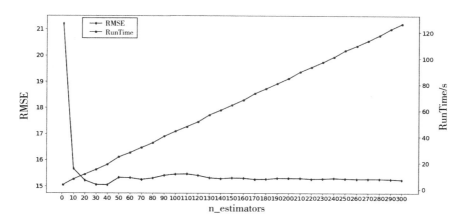

图 2.33 RMSE 随着 n_estimators 的变化情况

而 max_fearures 的增大也会增加模型的复杂程度，造成训练时长和计算成本增加。因此，综合这两方面考虑，选取最优值 max_features = 13。

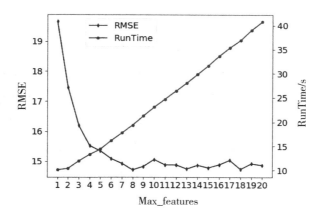

图 2.34 RMSE 随着 max_features 的变化情况

影响随机森林模型预测能力的参数除了上述决策树子树的个数（n_estimators）和随机选择特征分裂时选择特征的个数（max_features）之外，还有决策子树的深度（max_depth）、决策子树中间节点分支时所需要的最小

105

样本量(min_samples_split)和决策子树叶节点存在时所需要的最小样本量(min_samples_leaf)等。增大 max_depth 参数值会增加模型的复杂度，而增大 min_samples_split 和 min_samples_leaf 参数值则会降低模型的复杂度。本研究采用上述固定参数法，依次对这些参数进行优化，最终得到最优参数如表 2.7 所示。

表 2.7　　　　　　　　　　　　　　　**模型参数调优取值**

参数名	参数说明	参数最优值
n_estimators	决策树子树的个数	170
max_features	随机选择特征分裂时选择特征的个数	13
max_depth	决策子树的深度	7
min_samples_split	决策子树中间节点分支时所需要的最小样本量	2
min_samples_leaf	决策子树叶节点存在时所需要的最小样本量	9

(3)模型的结果及分析

①模型特征重要性评估

随机森林模型除了能够处理分类和回归问题，还通常被用作特征选择，其原因是随机森林在模型训练完成后能够对特征进行重要性评估。所谓重要性，即每个特征对预测结果所做的贡献量，通常可以使用基尼指数或者袋外数据的错误率作为评价指标进行度量，其值越大，代表该特征对预测结果的影响越大。当随机森林模型训练完成后，调用 Scikit-Learn 模块提供的接口 feature_importances_ 即可查看以基尼系数作为评价指标的各项特征的重要程度，如图 2.35 所示，纵轴代表输入到模型中的 37 个特征，横轴代表特征的重要程度。

由图 2.35 可知，未来 1 小时的 PM2.5 浓度受空气质量因子的影响比较大，受气象因子的影响次之，受时间因子的影响最小，影响最大的特征有当前时刻的 PM2.5 浓度、前两小时的 PM2.5 浓度和当前时刻的 AQI 指数，该结论与前面进行定量相关性分析得出的结果基本一致。

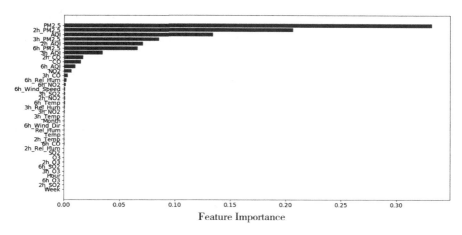

图 2.35　模型特征重要性排名

②模型拟合效果评价

本研究利用交叉验证的方法对模型进行训练，当训练完成后，使用测试数据对模型的拟合效果进行评价。模型预测值和观测值的散点图如图 2.36 所示，其中横坐标代表观测值，纵坐标代表预测值，实线是两者的线性拟合曲线。由图可知，实线的斜率接近于 1，截距接近于 0，说明预测结果的精度比较高。

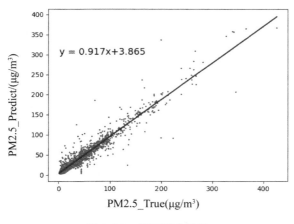

图 2.36　模型拟合效果

为进一步验证模型的预测精度，本研究选取均方根误差（RMSE）、平均绝对误差（MAE）、相关系数（R^2）作为衡量预测值和观测值拟合程度的指标，具体结果如表 2.8 所示。

表 2.8　　　　　　　　　　　　　模型衡量指标评价

衡量指标	计算公式	指标值
RMSE	$\sqrt{\dfrac{1}{n}\sum_{i=1}^{n}(Y_i - \hat{Y}_i)^2}$	11.840
MAE	$\dfrac{1}{n}\sum_{i=1}^{n}|Y_i - \hat{Y}_i|$	6.487
R^2	$\dfrac{\sum_{i=1}^{n}(Y_i - \overline{Y})(\hat{Y}_i - \overline{\hat{Y}})}{\sqrt{\sum_{i=1}^{n}(Y_i - \overline{Y})^2}\sqrt{\sum_{i=1}^{n}(\hat{Y}_i - \overline{\hat{Y}})^2}}$	0.928

其中，Y_i 代表第 i 个样本的真实值，$\hat{Y}_i$ 代表第 i 个样本的预测值，$\overline{Y}$ 表示真实值的平均值，$\overline{\hat{Y}}$ 代表预测值的平均值，n 为样本容量。

由于本研究采用的是单站点预测模式，为了能够将该方法推广到其他监测站点进行预测，还需验证模型在其他 34 个空气质量监测站点的预测效果。从中国气象数据网站（http：//data. cma. cn/）下载北京市 18 个气象站点近 7 日的气象观测数据，根据最近邻原则匹配空气质量监测站点和气象站点，选取 RMSE、MAE 和 R^2 作为每个站点 PM2.5 预测值和观测值拟合程度的衡量指标，结果显示模型在所有空气质量监测站点拟合结果的 R^2 均在 0.87 以上，RMSE 均在 15 μg/m³ 左右，MAE 均在 8 μg/m³ 左右，这说明单站点预测方法可行。具体拟合结果如表 2.9 所示，表中统计了来自城区环境评价点、郊区环境评价点、对照点及区域点、交通污染监控点各 3 个监测站点的拟合评估效果。

表 2.9 其他站点的拟合评估

空气质量监测站点	衡量指标	指标值
东城东四	RMSE	13.210
	MAE	8.046
	R^2	0.932
西城官园	RMSE	14.408
	MAE	9.003
	R^2	0.914
朝阳奥体中心	RMSE	11.627
	MAE	7.781
	R^2	0.943
房山良乡	RMSE	9.49
	MAE	6.131
	R^2	0.963
昌平镇	RMSE	16.242
	MAE	10.018
	R^2	0.914
密云镇	RMSE	18.595
	MAE	8.248
	R^2	0.849
昌平定陵	RMSE	15.363
	MAE	10.364
	R^2	0.914
京西北八达岭	RMSE	12.877
	MAE	8.178
	R^2	0.930
京东南永乐店	RMSE	14.031
	MAE	8.732
	R^2	0.910

空气质量监测站点	衡量指标	指标值
前门东大街	RMSE	13.360
	MAE	8.329
	R^2	0.939
西直门北大街	RMSE	18.204
	MAE	14.303
	R^2	0.875
东四环北路	RMSE	11.314
	MAE	7.170
	R^2	0.945

2.7.3　基于反距离权重法的 PM2.5 浓度空间插值

前面的研究采用单站点预测的方法构建了基于随机森林的 PM2.5 浓度预测模型，且预测结果表明此模型在北京市 35 个空气质量监测站点的拟合效果良好。为了获取北京市其他区域的 PM2.5 浓度值，本研究接下来使用反距离权重法将已预测得到的北京市空气质量监测站点的 PM2.5 浓度值进行空间插值，得到整个北京市的 PM2.5 浓度。

反距离权重(Inverse Distance Weighted，IDW)插值[47]是一种根据预测区域内的已知测量值进行加权求得未测量位置预测值的地理统计方法，该方法假设彼此距离较近的客体要比距离较远的客体更为相似，计算最终插值结果共分为以下两个步骤：

①计算预测范围内未知测量点到所有已知测量点的距离；

②以距离的倒数作为权重，通过距离加权预测未知点的值。

其计算公式为：

$$\hat{Z}(s_0) = \sum_{i=1}^{N} \lambda_i Z(s_i) \tag{2.7}$$

其中，$\hat{Z}(s_0)$ 代表未测量位置的预测值，N 是预测范围内所有已知点的数量，λ_i 代表第 i 个位置测量值的权重，$Z(s_i)$ 代表第 i 个位置的测量值。

本研究利用 Python 3.7 进行 PM2.5 浓度空间插值，选取 2019 年 10 月 1 日 0 时的数据进行 PM2.5 浓度预测，通过将相应的时间因子、空气质量因子和气象因子输入到已训练完成的 PM2.5 浓度预测模型中，得到北京市 35 个空气质量监测点的 PM2.5 浓度预测值，然后使用反距离权重法进行空间插值，结果如图 2.37 所示。

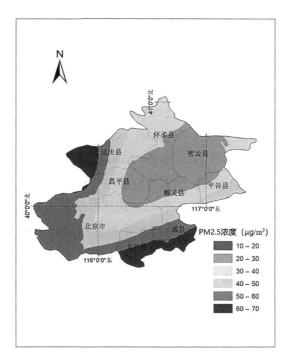

图 2.37　基于反距离权重法的 PM2.5 浓度空间插值

由此，本研究通过对北京市 35 个空气质量监测站点的 PM2.5 浓度进行预测，然后使用反距离权重法进行空间插值，即可求得北京市全区域在未来 1 小时的 PM2.5 浓度预测值及其分布。

2.7.4　基于 Neo4j 的最低风险路径查询

（1）路网路段与格网相交统计

反距离权重法可以将 PM2.5 预测值的点数据空间插值为区域面数据，而在实际进行插值操作时，除了设定插值的区域范围外，还需附加区域格网信息。格网的作用是将城市区域依序划分为格网区域，每个格网都有唯一的编号，反距离权重法插值的结果即插值到格网之中。

格网的值代表着相应区域的 PM2.5 浓度均值，所以格网的大小尤为重要，格网过大会使空间插值的精度降低，格网过小又会增加计算时长，造成资源浪费。结合居民绿色出行的距离长度，本研究选择将整个区域划分为 200 行、300 列的格网，共计 60000 个，每个格网长为 819.513m、宽为 1029.414m。

此外，最低风险路径是根据路网数据和格网中的 PM2.5 浓度值耦合计算求得，由于路段可能会经过不同格网，如图 2.38 所示，图 2.38(a) 中路段 ID110577 经过了格网 ID16089 和格网 ID15789 的区域，而不同编号的格网对应的 PM2.5 浓度值不同，故需要将路段与格网线相交的地方打断，即图中的星号处。具体操作为使用 ArcGIS 软件提供的相交叠加分析工具，将前面已经预处理完成的北京市线图层和格网面图层进行相交分析，然后输出得到相应线图层与面图层的相交信息，从而统计路网中路段所经过的格网以及对应格网中被截取的路段长度。

（2）路网路段相对暴露风险计算

基于反距离权重法插值计算出区域格网中 PM2.5 浓度均值后，便可以依据格网内的子路段信息计算其相对暴露风险，最后再汇总该路段所有子路段的相对风险，即可求得最终的路段相对暴露风险。

居民绿色出行的方式一般选择步行或者骑行，其通过格网内子路段的相对风险可以通过公式(2.8)计算求得：

$$R_i^{m,\,t} = \frac{\dfrac{d_i^m}{v^m} * P_i^t}{h_0 * P_0} * r_0 \tag{2.8}$$

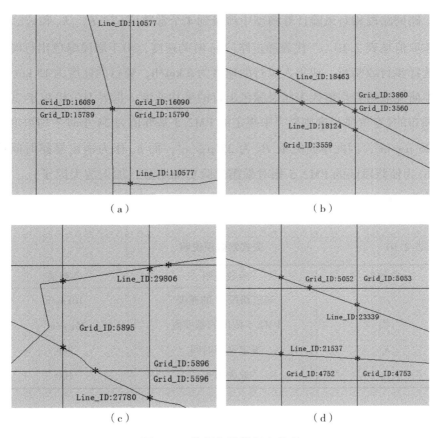

图 2.38 格网与路段相交处理

其中，$R_i^{m,t}$ 代表 t 时刻格网 i 中路段 m 的相对风险，d_i^m 代表格网 i 中路段 m 的长度，v^m 代表通过路段 m 的速度，P_i^t 代表 t 时刻格网 i 中 PM2.5 浓度均值，P_0 代表 PM2.5 浓度的基准值，h_0 代表额定暴露时间，r_0 代表放大因子。

基于格网内子路段的相对风险，总路段的相对风险可以通过公式 (2.9) 计算求得：

$$R^{m,t} = \sum_{i=1} R_i^{m,t} \qquad (2.9)$$

其中，$R^{m,t}$ 代表 t 时刻路段 m 的相对风险，可以通过简单求和路段 m 经过不同格网的子路段相对风险求得。

路网路段相对风险计算模型中涉及到 4 个常数项 v^m、P_0、h_0 和 r_0，其具体取值见表 2.10。v^m 代表通过路段 m 时的速度，由于居民绿色出行时一般选择步行或骑行，成年人步行的速度为 5 km/h，骑行的速度为 15 km/h，故本研究取两者均值代表居民绿色出行的平均速度。世界卫生组织于 2005 年颁布的《空气质量准则》[48] 中规定的 PM2.5 基准值为 24 小时平均浓度小于 25 μg/m³，因此本研究取 P_0 为 25 μg/m³，而 h_0 作为额定暴露时间取 24 h。为使路段间的 PM2.5 相对暴露风险更加明显，加入放大因子 r_0，其取值为 100。

表 2.10　　　　　　　　　　　　**公式常数项说明**

常数项	参数说明	常数值
v^m	通过路段 m 的速度	10km/h
P_0	PM2.5 浓度的基准值	25μg/m³
h_0	额定暴露时间	24h
r_0	放大因子	100

（3）基于 Neo4j 的最短路径查询

从前面的电子地图数据预处理可知，路网数据以 CSV 格式导入到 Neo4j 图数据库中，形成了节点、关系、属性和标签，节点中的属性包含相交点 ID 和经纬度，关系中的属性包含路段 ID 和两个节点之间的权重值。而在使用 Neo4j 查询最低 PM2.5 暴露风险的路径时，需要求得路网中路段的相对暴露风险，然后将其作为新的权重值更新到 Neo4j 之中，即将图数据库中原有关系的属性权重值更新为已计算的相对暴露风险，具体 Cypher 语句为：

MATCH（node1｛Node_ID：Num1｝）-［r］-（node2｛Node_ID：Num2｝）SET r=｛Weight：Risk｝

其中，Num1 和 Num2 分别代表两个相交点的 ID，r 代表相交节点之间的路段关系，Risk 代表计算出的路段相对暴露风险。

当 Neo4j 图数据库中所有关系的权重值更新为路段的暴露风险之后，便可以通过 Neo4j 中的图算法查询任意两个节点之间的最短权重路径，即任意路网相交点之间的最低暴露风险路径。其中，使用 APOC 中提供的图算法过程即可快速查询 Neo4j 中任意两个节点的最短路径。APOC 是基于 Neo4j 图数据库的扩展过程和函数库[49]，包含大量的与查询执行、数据集成和数据库管理等功能相关的过程和函数，可以直接使用 Cypher 语句进行调用。用 APOC 的 Dijkstra 图算法查询最短路径的调用语句如下：

apoc. algo. dijkstra(startNode，endNode，'<Knows>'，'distance') YIELD path，weight

其中，apoc. algo. dijkstra 代表 APOC 提供的 Dijkstra 图算法函数，startNode 和 endNode 代表所需要查询的开始节点和结束节点，<Knows>代表关系所属的标签，distance 代表以关系中该属性作为权重值进行查询，path 和 weight 代表查询结果返回的路径和路径权重值。例如，以节点 ID236005 为开始节点、节点 ID231365 为结束节点，调用 apoc. algo. dijkstra 图过程函数查询开始节点到结束节点之间的最短路径，并将结果路径通过 Neo4j 工具进行可视化展示。结果如图 2.39 所示，图中圆点代表节点，箭头代表关系，而节点表示路网中的相交点，关系表示路网中的路段，从开始节点到结束节点共经过 21 个节点和 22 条路段，这是从节点 ID236005 到节点 ID231365 的最低暴露风险路径。

（4）查询结果路线对比

若 Neo4j 图数据库中关系存储的权重值属性是路段距离，则最短路径查询结果为节点间的最短距离路线；若存储的权重值属性是路段的相对暴露风险，则查询结果为节点间的最低暴露风险路线。从这一思路出发，本研究对最低暴露风险路线和最短距离路线作定量对比分析，以验证基于 PM2.5 暴露风险权重的路径规划对居民绿色健康出行是有意义的。由前面对 PM2.5 与时间因子之间的相关性分析可知，在上下班高峰期居民出行量

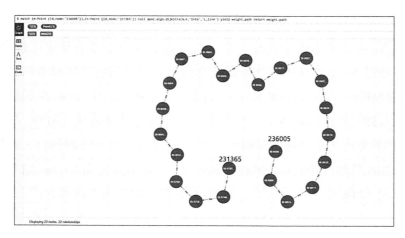

图 2.39　Neo4j 最短路径查询结果

增加，造成北京市的 PM2.5 浓度在此时间点较高，故选择上午 9 时和晚上 20 时作为路线查询时间点，并设置从低 PM2.5 浓度区域到高 PM2.5 浓度区域、高 PM2.5 浓度区域到高 PM2.5 浓度区域、低 PM2.5 浓度区域到低 PM2.5 浓度区域 3 组路线查询实验，在每组查询区域内选择不同起点和终点进行 10 次路线查询。如图 2.40 所示，以北京市 2019 年 3 月 1 日上午 9 时和下午 20 时为例，图中 A_Start 和 A_end、B_Start 和 B_End、C_Start 和 C_End 分别对应上述 3 组路线查询实验。

　　基于 PM2.5 暴露风险权重的最低风险路线与基于距离权重的最短距离路线的定量对比分析结果见表 2.11，由表可知，在从低 PM2.5 浓度区域到高 PM2.5 浓度区域、高 PM2.5 浓度区域到高 PM2.5 浓度区域、低 PM2.5 浓度区域到低 PM2.5 浓度区域的 3 组案例中，最低风险路线虽然比最短距离路线的平均出行距离更长，但是所面临的平均 PM2.5 相对暴露风险更小，并且相较于从高 PM2.5 浓度区域到高 PM2.5 浓度区域或低 PM2.5 浓度区域到低 PM2.5 浓度区域，从低 PM2.5 浓度区域到高 PM2.5 浓度区域的最短距离路线比最低风险路线的 PM2.5 相对暴露风险明显更大(两者的路线差异比达到 23.574%)。

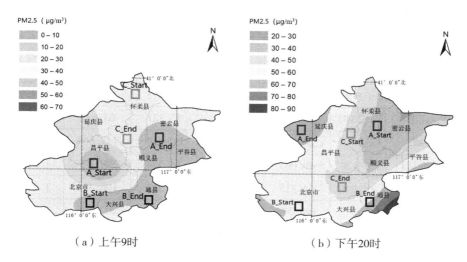

（a）上午9时　　　　　　　　　（b）下午20时

图 2.40　对比分析研究案例

最短距离路线与最低风险路线之间的路线差异比代表最短距离路线平均多于最低风险路线的 PM2.5 相对暴露风险百分比，具体计算公式如下：

$$D_L = \frac{(MR_{\text{least\_distance\_route}} - MR_{\text{least\_risk\_route}})}{MR_{\text{least\_risk\_route}}} \times 100\% \qquad (2.10)$$

其中，D_L 代表路线差异比，$MR_{\text{least\_distance\_route}}$ 代表最短距离路线的平均 PM2.5 相对暴露风险，$MR_{\text{least\_risk\_route}}$ 代表最低风险路线的平均 PM2.5 暴露风险。图 2.41 为上述 3 组查询案例的路线差异比随路线查询次数的变化情况，由图可知，随着路线查询次数的增加，3 组查询案例的路线差异比均逐渐趋于稳定，其中从低 PM2.5 浓度区域到高 PM2.5 浓度区域的路线差异比最大，达到 27%，而从高 PM2.5 浓度区域到高 PM2.5 浓度区域、从低 PM2.5 浓度区域到低 PM2.5 浓度区域的路线差异比分别为 1.8% 和 13%。由此可以证明基于 PM2.5 暴露风险权重的路径规划所得出的最低风险路线能够满足居民绿色健康出行的需要，降低了居民出行的可能面临的 PM2.5 暴露风险，能够有效指导居民在健康环境下绿色出行。

表 2.11　　　　　　　　　　　路线定量分析结果

路线查询区域	路线查询时间	最短距离路线		最低风险路线		路线差异比(%)
		平均距离（km）	平均风险	平均距离（km）	平均风险	
低浓度区域到高浓度区域	上午 9 时	39.362	65.865	60.253	54.237	21.439
	下午 20 时	48.981	79.790	55.721	63.632	25.393
	总和	88.343	145.655	115.974	117.869	23.574
高浓度区域到高浓度区域	上午 9 时	49.063	97.444	54.574	95.913	1.596
	下午 20 时	54.315	107.642	61.542	106.472	1.099
	总和	103.378	205.086	116.116	202.385	1.335
低浓度区域到低浓度区域	上午 9 时	37.104	19.601	44.585	18.532	5.768
	下午 20 时	34.872	17.960	40.957	16.044	11.942
	总和	71.976	37.561	85.542	34.576	8.633

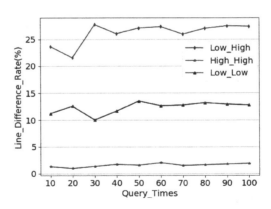

图 2.41　三组路线查询案例的路线差异比随路线查询次数的变化情况

2.8　系统的分析与设计

2.8.1　系统的需求分析

鉴于城市空气污染无法短期内全面消除，在积极响应国家绿色出行的号召下，为满足居民健康出行的现实需要，本研究在考虑 PM2.5 暴露风险的条件下，尝试设计一个能够为采用主动交通(步行、骑行)的居民提供绿色健康出行路线规划的地图路线查询平台。该平台能够根据相应的查询条件，即用户选定的出发地和目的地，规划出用户出行的最低 PM2.5 暴露风险路线以及最短距离路线等。同时，为方便居民实时获取周围 PM2.5 浓度情况，系统还需提供查询当前时刻和未来 1 小时城市 PM2.5 浓度分布的功能。此外，系统还应满足用户优化更新 PM2.5 预测模型的需要，以提高模型的预测精度。下面将分别从功能需求、用例分析和非功能需求三个方面进行系统的需求分析，以保证系统能够实现并满足用户的需要。

2.8.1.1　系统的功能需求分析

对于绿色健康出行地图路线查询系统而言，首先要实现出行路线查询和城市 PM2.5 浓度分布查询的功能需求，其次为不断优化 PM2.5 预测模型，最后还应为用户提供在线模型训练的接口。本系统的具体功能需求说明如下：

(1)出行路线查询：该功能作为本系统的核心需求，要求能够根据用户选定的出发地和目的地计算出行路线，将在 Neo4j 中查询得到的路网节点返回到前端页面，并在前端页面通过地图 API 实现可视化路线展示。同时，当用户在页面中点击查询按钮时，不仅仅显示最低 PM2.5 暴露风险路线，还会显示最短距离路线，在用户考虑距离成本时提供选择。在展示出行路线时，系统还会提示相应路线所面临的 PM2.5 暴露总风险和路线的距离。

(2)城市 PM2.5 分布查询：该功能要求能够将基于 PM2.5 浓度监测站点的空间插值可视化，具体包括城市当前时刻的 PM2.5 浓度插值图和未来 1 小时的 PM2.5 浓度插值图。当用户在页面中点击 PM2.5 浓度分布按钮时，后台使用反距离权重法计算 PM2.5 浓度的空间插值，并将结果返回到前端页面进行可视化展示。

(3)PM2.5 预测模型在线训练：该功能要求能够通过用户自定义输入模型参数，进行 PM2.5 浓度预测模型的在线训练，且在训练完成后返回模型的性能信息，即模型的性能评估指标。此外，用户可以自行选择最优的预测模型作为系统的运行模型。

2.8.1.2　系统的用例分析

本系统采用面向对象的统一开发流程，经过上述需求分析，可以确定基于大气 PM2.5 暴露风险的城市绿色健康出行系统中的出行居民为主要活动者，具体用例如下：

（1）最低风险路线查询；

（2）最短距离路线查询；

（3）当前时刻、未来 1 小时城市 PM2.5 浓度分布查询；

（4）PM2.5 浓度预测模型在线训练。

根据上述的用例分析，可以画出系统的用例图，如图 2.42 所示。

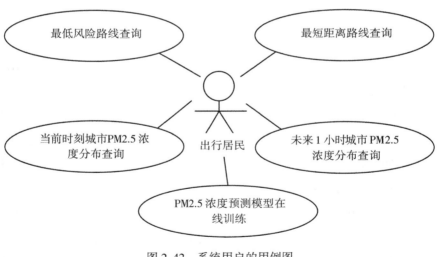

图 2.42　系统用户的用例图

2.8.1.3　系统的非功能需求分析

一个完备的系统不仅功能需求必须满足，非功能需求同样需要重视。

本研究所构建的绿色健康出行系统除了满足出行居民的各种功能需求外，在非功能需求方面也要具有良好的表现，如用户对于系统的响应速度以及资源占用率等性能，需求方面的另外在面对不可预期的因素时还需要保证系统的可靠性，以及系统面向用户的部分应简单易操作等。本研究主要从以下 3 个方面对系统的非功能需求展开分析：

（1）性能需求

本系统作为居民出行路线的规划系统对响应时间具有较高要求。一般而言，当用户完成操作后，服务器的响应时间在 2 秒为优秀，5 秒为良好，8 秒为可接受，在实际情况中达到良好及以上表现可以加入缓存机制，减少响应时间。另外对于出行居民来说，同时访问系统的情况十分常见，因此系统应具有良好的并发性。

（2）可靠性需求

由于出行是居民日常生活中不可或缺的一部分，每天会有数千万的用户请求发送到系统，故系统应具有较高的容错率和完善的备份机制，从而在面对不确定错误时，不影响用户的行为操作和数据传递。此外，不同用户可能会使用不同版本的浏览器进行系统访问，为丰富用户的选择多样性，系统需对各浏览器版本有着完备的适配性。

（3）易用性需求

基于 PM2.5 暴露风险的城市绿色健康出行系统作为出行居民日常使用的 Web 平台，应易学易用，在页面的布局上合理规范、清晰简单，且用户可操作性强。

2.8.2 系统的总体设计

综合考虑前面对系统进行的需求分析，基于 PM2.5 暴露风险的城市绿色健康出行系统将采用 B/S（浏览器/服务器）模式，并使用 Django 框架进行系统开发。具体请求响应流程如图 2.43，用户使用浏览器向服务器发送 HTTP 请求，请求通过后端的路由控制器转发到 Django 项目中，并对用户的请求进行处理，当 Django 的业务逻辑完成后，将计算结果以 JSON 格式返回到前端页面，最终渲染展示给用户。

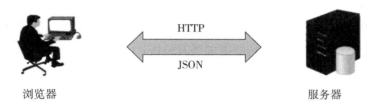

HTTP

JSON

浏览器

服务器

图 2.43　系统 B/S 请求响应图

本系统使用的 Django 框架是典型的 MTV 设计模式，即由模型层（Model）、模板层（Template）和视图层（View）组成，并且实现了系统的前端展示、后端逻辑和数据模型的解耦合，便于系统模块的业务开发和运行维护。其中，模型层服务于视图层，通过将业务对象与数据库的关系进行映射，完成对数据的迁移；模板层使用模板语言动态渲染前端页面，从而提供交互接口给前端用户；视图层是 Django 框架中最重要的逻辑处理模块，能调用模型层和模板层以响应用户的请求。

基于 PM2.5 暴露风险的城市绿色健康出行系统按照上述 MTV 设计模式进行开发，项目的总体设计如图 2.44 所示。

（1）模板层

模板层服务于页面的展示，是介于用户和后台系统之间的中间层。当用户使用页面交互控件向后台系统发送数据请求时，后台系统通过调用视图层的业务逻辑进行处理，并将结果返回到浏览器，最后经过浏览器的渲染将页面呈现给用户。页面中包含相应的控件和布局样式，比如按钮、地图控件和 CSS 文件等，布局样式起页面美化的作用，而控件被用作用户和系统交互的接口。在 Django 框架中通过模板语言将从视图层返回的数据加载到模板文件中，最终渲染成 HTML 页面。

（2）视图层

视图层是本系统的核心部分之一，主要负责整个项目的业务逻辑，通

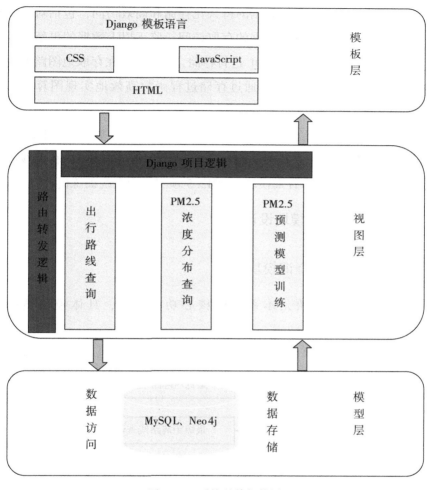

图 2.44　系统总体架构图

过接收模板层发送的路由请求，进行相应的业务逻辑处理，并将结果加载到模板层中。本系统的视图层中最重要的功能是出行路线查询，用户通过地图控件的交互按钮发送查询请求，由路由控制转发到相应的视图层业务逻辑函数中，从而调用模型层的数据操作方法实现路线的查询，最终将结果返回到模板层。

（3）模型层

模型层主要服务于系统数据的持久化存储和高效访问，包括对路网路段、空气质量和气象情况等数据的存取访问。鉴于以上数据的更新比较缓慢，故使用关系型数据库 MySQL 进行存储，而 Neo4j 在存取地图路网数据上具有较高的性能，且它能够通过存储过程函数高效地实现图算法的调用，故用作路径查询的访问数据库。

综合对系统的需求分析和总体架构设计，本研究将基于大气 PM2.5 暴露风险的绿色健康出行系统的功能划分为三个模块，分别是出行路线查询模块、城市 PM2.5 分布查询模块和 PM2.5 预测模型在线训练模块。

2.8.3　系统的功能模块设计

2.8.3.1　出行路线查询模块设计

出行路线查询模块是本系统的核心功能模块，具体模块结构见图 2.45。

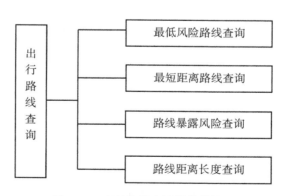

图 2.45　出行路线查询模块结构图

该模块负责对居民的出行路线进行查询分析，包括最低暴露风险路线查询、最短距离路线查询以及相应的路线暴露风险和距离长度查询。这是本系统的核心模块，旨在处理用户对出行路线的查询请求，并可视化展示路线查询结果。

最低风险路线查询作为出行路线查询模块中最为核心的部分，负责返回用户查询的最低风险路线的结果，其查询逻辑见图 2.46。

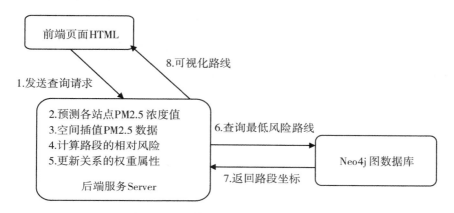

图 2.46   最低风险路线查询逻辑图

由图 2.46 可知，最低风险路线查询的具体查询逻辑为：以用户标定的起始点和终止点的经纬度坐标作为查询条件，向后端服务器发送最低风险路线查询请求；然后运行 Django 的项目逻辑，使用已训练完成的 PM2.5 预测模型预测未来 1 小时各个站点的 PM2.5 浓度值，并通过反距离权重插值的方法对站点 PM2.5 浓度预测值进行空间插值，从而得到整个区域 PM2.5 预测浓度的分布，接着根据路段 PM2.5 相对暴露风险计算模型求得区域内各个路段的相对暴露风险，再将路段的 PM2.5 相对风险暴露作为关系的权重属性更新到 Neo4j 图数据库中；之后，用数据库提供的 APOC 存储过程函数查询从起始点到终止点的最低权重值路径，即最低风险路径，并将路径结果返回到后端服务器；最后，由前端页面接收服务器返回的路线坐标集合，并利用地图 JS 插件将路线进行可视化展示。

相比之下，最短距离路线查询作为居民在考虑出行距离的情况下对路线的选择，它与最低风险路线查询的主要区别在于后者综合考虑了道路距离长度和区域 PM2.5 浓度相对暴露风险，而前者只使用路段距离长度作为权重。最短距离路线查询的逻辑如图 2.47 所示。由图可知，最短距离路线查询的逻辑为：用户在页面的地图上右键选定起始点和终止点，然后点击"路线查询"按钮，将起始点和终止点的经纬度坐标作为请求参数发送到后端服务器；由于起始点和终止点的坐标与 Neo4j 图数据库中的节点坐标存在不匹配关系，因此采用最近邻方法将起始点和终止点转换成最近的节点；之后调用 Neo4j 图算法查询起始节点和终止节点之间的最短路径，并将路径的坐标集合返回到前端页面，使用地图插件进行路线的可视化展示。

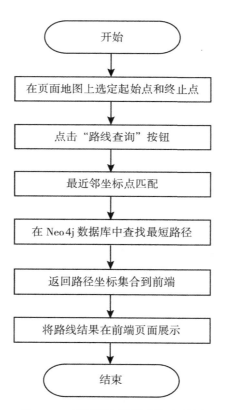

图 2.47　最短距离路线查询流程图

2.8.3.2 城市 PM2.5 分布查询模块设计

城市 PM2.5 分布查询模块主要用于提供城市 PM2.5 浓度分布信息，从而方便居民实时了解周围 PM2.5 分布情况，为他们的出行决策提供帮助。该功能模块包括城市当前时刻 PM2.5 分布查询和未来 1 小时 PM2.5 分布查询两部分。

当前时刻 PM2.5 浓度分布查询与未来 1 小时 PM2.5 分布查询的区别在对 PM2.5 空气质量监测站点的时间点取值不同，前者是直接对当前时间点的站点监测数据进行空间插值，后者则是通过 PM2.5 浓度预测模型对未来 1 小时监测站点的 PM2.5 浓度进行预测，然后对预测数据进行空间插值。

PM2.5 浓度分布查询模块的工作流程如图 2.48 所示。用户点击导航栏"PM2.5 浓度分布"出现下拉框选项，显示为"当前时刻"和"未来 1 小时"。当用户选定一个选项后，页面会相应跳转，显示出选中时间点的 PM2.5 浓度分布图。分布图以北京市区域地图的形式显示，图中圆点标识出空气质量监测站点所处的位置，并且以不同的颜色覆盖整个地图，颜色的深浅代表 PM2.5 浓度的高低。

该模块的查询逻辑为：根据用户选定的时间点，到数据库中查找在相应时间站点的 PM2.5 浓度数据和站点的经纬度坐标，若是对当前时刻的查询请求则直接根据反距离权重法进行 PM2.5 浓度数据的空间插值，若是对未来 1 小时 PM2.5 浓度分布的查询，则基于 PM2.5 浓度预测模型的预测值进行空间插值，再以插值结果进行 PM2.5 浓度分布图的绘制，而后将分布图返回到前端页面。

2.8.3.3 PM2.5 预测模型在线训练模块设计

PM2.5 预测模型训练模块主要目的是允许用户用自定义模型参数在线训练 PM2.5 浓度预测模型，从而协助用户选取性能最优的模型作为系统运

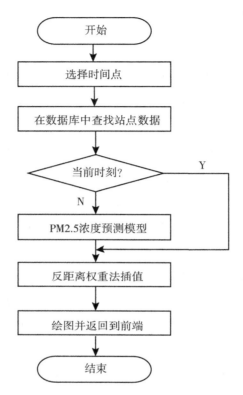

图 2.48 城市 PM2.5 分布查询流程图

行的预测模型。该模块主要包括模型参数自定义、模型在线训练、系统 PM2.5 预测模型查询和选择最优模型等几个部分，模块结构如图 2.49 所示。

PM2.5 预测模型在线训练模块是本系统的重要组成部分，为用户提供利用自定义参数在线训练 PM2.5 浓度预测模型的功能。处理模型训练的前端请求，其请求参数是用户输入的模型参数，包括决策子树的个数（n_estimators）、随机选择特征分裂时选择特征的个数（max_features）等重要参数。为方便用户进行参数的自定义输入，系统自动在输入框内填入模型参数的默认值，若有用户填入自定义参数，则输入参数改为用户输入值，而

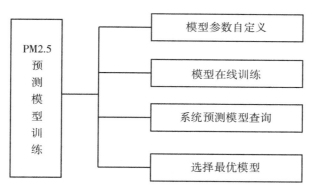

图 2.49   PM2.5 预测模型在线训练模块结构图

在参数输入框右侧显示有参数的解释信息。

本模型运行的逻辑为：根据用户表单模型参数输入框提交的用户自定义参数信息，向服务器发起模型在线训练的请求，如果用户未输入参数，则以模型的默认参数进行训练，然后调用随机森林模型以用户自定义的参数建立 PM2.5 浓度预测模型；如果用户需要将已训练完成的用户参数自定义 PM2.5 浓度预测模型设置为系统的运行模型，则需要对数据库中的模型表进行字段更新，最后再将模型的结果信息返回到前端页面，包括模型的性能指标(MAE、RMSE、R^2)以及模型预测值和真实值的散点图。PM2.5 预测模型在线训练模块的工作流程见图 2.50。

2.8.3.4   系统的数据库设计

这一节对系统的数据库设计进行介绍，包括系统的 E-R 图和数据库表结构。本系统的核心功能模块为出行路线查询模块，主要涉及的数据包括 PM2.5 浓度数据和路网数据，其具体的 E-R 模型设计见图 2.51。

在数据库设计中共包含 4 个核心实体(路线 Line、路段 Road、子路段 Seg 和格网 Grid)和 3 个关系(包括、构成和覆盖)。其中路线 Line 与路段 Road 是多对多关系，1 条路线可以包括多个路段，1 个路段也可以被多条

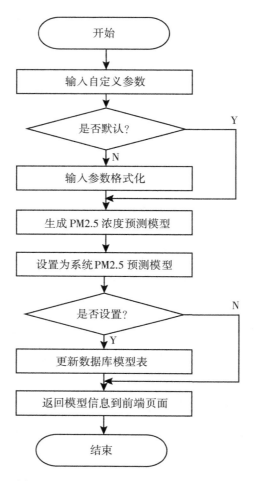

图 2.50　PM2.5 预测模型在线训练流程图

路线包括；路段 Road 被格网分割打断，1 个路段由多个子路段构成；格网用于分割路网数据，1 个格网覆盖多个子路段。

　　具体而言，line_info 表主要记录了出行路线查询信息，包括查询时间、路线情况等，具体设计见表 2.12。

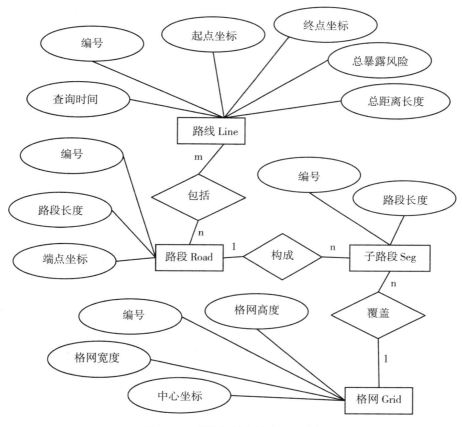

图 2.51 系统数据库部分 E-R 图

表 2.12 **line_info 表的设计**

字段名称	字段类型	字段说明
id	Integer	编号，自增主键
l_date	VarChar(64)	路线查询发起时间
l_start	VarChar(64)	路线起点经纬度坐标
l_end	VarChar(64)	路线终点经纬度坐标
l_length	Float	路线总距离长度
l_risk	Float	路线总暴露风险

路段是路线的基本组成部分，road_info 表主要记录了地图路网拓扑化后的路段信息，包括路段的长度、起止点等，具体设计见表 2.13。

表 2.13   road_info 表的设计

字段名称	字段类型	字段说明
id	Integer	编号，自增主键
r_length	Float	路段长度
r_start_lng	Float	路段起始点经度
r_start_lat	Float	路段起始点纬度
r_end_lng	Float	路段终止点经度
r_end_lat	Float	路段终止点纬度

一条路段由多条子路段组成，seg_info 表主要记录的是路段被格网切割后的子路段信息，包括子路段的长度、父路段 id 和格网 id 等，具体设计见表 2.14。

表 2.14   seg_info 表的设计

字段名称	字段类型	字段说明
id	Integer	编号，自增主键
s_length	Float	子路段长度
r_id	Integer	父路段 id，外键
g_id	Integer	格网 id，外键

grid_info 表主要记录了区域格网的信息，包括格网中心点经纬度坐标、格网长度和宽度等，具体设计见表 2.15。

表 2.15　　　　　　　　　　　**seg_info 表的设计**

字段名称	字段类型	字段说明
id	Integer	编号，自增主键
g_lng	Float	格网中心经度
g_lat	Float	格网中心纬度
g_width	Float	格网宽度
g_height	Float	格网高度

2.9　系统的实现与测试

2.9.1　系统实现的环境

基于大气 PM2.5 暴露风险的城市绿色健康出行系统的开发与实现都是在 Windows 平台上进行的，该平台可以通过直观的图形界面帮助开发者高效地完成工作。系统的开发语言为 Python 3，路网数据拓扑化使用的地理软件为 ArcGIS 工具，路网数据的存储访问采用的是 MySQL 关系型数据库和 Neo4j 图数据库，完成系统代码编写和系统业务框架结构组织的开发工具为 Pycharm。系统开发实现的详细环境信息见表 2.16。

表 2.16　　　　　　　　　　　**系统开发运行环境**

硬件环境	操作系统：Windows10
	CPU：Intel Core i5-7300HQ @ 2.5GHz
	系统内存：8GB
	GPU：GTX 1050
	GPU 显存：2GB

续表

	Web 框架：Django 1.11.7
软件环境	数据库：MySQL 5.7.28、Neo4j 3.5.5
	GIS 软件：ArcGIS10.2
	开发工具：Pycharm2017

2.9.2　系统功能的实现

本节主要对系统开发过程中涉及到的应用模块进行实现，包括出行路线查询模块、城市 PM2.5 分布查询模块和 PM2.5 预测模型在线训练模块。

2.9.2.1　出行路线查询模块

出行路线查询模块为本系统的核心模块，负责针对居民的出行路线查询分析，包括最低暴露风险路线查询、最小距离路线查询以及相应的路线暴露风险和距离长度查询。该模块的界面图即为系统主界面，如图 2.52 所示。

系统主界面由顶部导航栏和地图容器组成，地图容器中包括北京市的城市电子地图和一个"获取出行路线"按钮，当用户点击电子地图时会激活右键菜单，出现添加起始地点和终止地点的选项，当对起点和终点完成地图标定之后点击"获取出行路线"按钮即可查询用户的出行路线。

视图函数 least_risk_route() 负责处理最低风险出行路线查询的请求，请求中携带的查询参数为起始地和终止地的经纬度坐标。由于路线查询依赖 Neo4j 中存储的节点坐标，因此需要将起始地和终止地以最近邻原则匹配节点，而后使用已训练完成的 PM2.5 预测模型预测未来 1 小时各个站点的 PM2.5 浓度值，并通过反距离权重插值的方法对站点 PM2.5 浓度预测值进行空间插值，从而得到整个区域 PM2.5 浓度预测的格网分布。之后依据路段 PM2.5 相对暴露风险计算模型求得区域内各个路段的相对暴露风险，再将其作为关系属性权重更新到 Neo4j 图数据库中。最后通过调用

图 2.52   系统首页截图

Neo4j 提供的图算法 APOC 存储过程函数查询起始点到终止点的最低权重值路径，即最低暴露风险路径，并将路径结果返回到前端页面。最低风险路径查询功能的代码实现如下：

#定义 cypher 语句查询起始点到终止点的最低风险路径

cypher = 'match (m：Point {Id_node： \ '' + start_ID + \

'\ '}), (n：Point {Id_node： \ '' + end_ID + \

'\ '}) call apoc. algo. dijkstra(m, n, \ 'into \ ',

\ 'L _ risk \ ') yield weight, path return

weight, path'

path = [ ]

with session. begin_transaction( ) as tx：

result = tx. run(cypher)

for record in result：

#获取最低风险路径的坐标集合

nodes = record['path']. nodes

for node in nodes：

lat = float(node. get('Node_lat'))

$$lng = float(node.get('Node\_lng'))$$
$$path.append([lng, lat])$$

视图函数 least_distance_route()负责处理最短距离出行路线查询的请求，其查询逻辑类似于 least_risk_route()函数，当完成起始地和终止地的最近邻节点匹配之后，直接调用 Neo4j 提供的图算法 APOC 存储过程函数查询起始点到终止点的最短路径，并将路径结果返回到前端页面。最短距离路径查询功能的代码实现如下：

```
#定义 cypher 语句查询起始点到终止点的最短距离路径
cypher = 'match (m：Point {Id_node：\ '' + start_ID + \
                '\ ''}), (n：Point {Id_node：\ '' + end_ID + \
                '\ ''}) call apoc.algo.dijkstra(m, n, \ 'into \ ',
                \ 'L _ len \ ') yield weight, path return
                weight, path'
path = []
with session.begin_transaction() as tx：
result = tx.run(cypher)
for record in result：
#获取最短距离路径的坐标集合
    nodes = record['path'].nodes
    for node in nodes：
        lat = float(node.get('Node_lat'))
        lng = float(node.get('Node_lng'))
        path.append([lng, lat])
```

当前端页面接收到路径结果的坐标集合之后，通过调用地图的 JS 接口绘制出行路径。系统默认只显示最低暴露风险出行路线，并在信息窗口中显示最低暴露风险路线和最近距离路线各自的暴露风险以及距离长度，通过点击不同窗口切换显示的路线，其效果如图 2.53 所示。

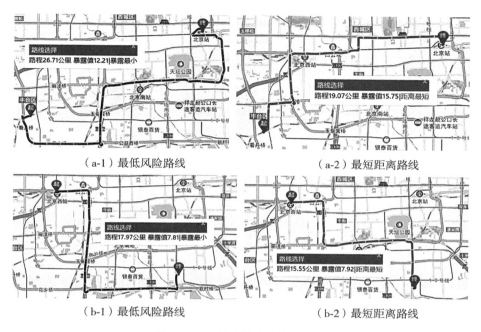

（a-1）最低风险路线　　　　　　　　（a-2）最短距离路线

（b-1）最低风险路线　　　　　　　　（b-2）最短距离路线

图 2.53　出行路线查询结果截图

2.9.2.2　城市 PM2.5 分布查询模块

城市 PM2.5 分布查询模块为基于大气 PM2.5 暴露风险的健康出行系统的辅助模块，主要为用户提供当前时刻和未来 1 小时的城市 PM2.5 浓度分布图，从而帮助居民及时了解周围 PM2.5 分布情况以合理安排出行计划，其界面如图 2.54 所示。

该页面分为两部分，第一部分是界面组件，由顶部导航栏组成，其中"PM2.5 城市分布图"为下拉框，包括"当前时刻分布图"和"未来 1 小时分布图"两个选项；第二部分为一个流式容器，用作分布图的可视化展示。分布图的展示采用热力图的方式，图中的圆圈代表空气质量监测站点所处的位置，颜色的深浅代表 PM2.5 浓度的高低，颜色越深 PM2.5 浓度越高。

视图函数 show_pm25_distribution( ) 负责处理城市 PM2.5 分布的请求，

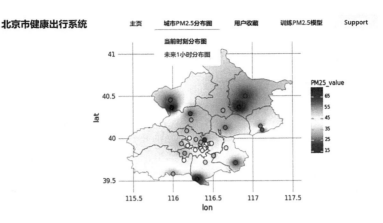

图 2.54   城市 PM2.5 分布查询结果截图

通过判断前端路由携带的参数返回当前时刻或未来 1 小时的 PM2.5 浓度分布图，使用反距离权重法插值 PM2.5 浓度数据是其核心部分，实现代码如下：

```
def get_distribution(lngs, lats, pm25):
        #制作插值区域网格
beijing_grid = beijing. total_bounds
grid_lngs = np. linspace(beijing_grid[0], beijing_gird[2], 200)
grid_lats = np. linspace(beijing_grid[1], beijing_grid[3], 300)
        #进行反距离权重插值
area = IDW(lngs, lats, pm25)
z1, ss1 = area. execute('grid', grid_lngs, grid_lats)
        #得到网格插值结果
IDW_result = z1. flatten()
```

2.9.2.3   PM2.5 预测模型在线训练模块

PM2.5 预测模型在线训练模块为用户提供了通过输入模型参数信息实

现 PM2.5 浓度预测模型在线训练的功能。当用户在首页点击"PM2.5 模型在线训练"后页面会相应跳转，同时系统发送 GET 请求到视图函数 show_train_model()，查询数据库模型表后返回所有模型信息到前端模板 trianing_model.html 并进行渲染。

图 2.55　PM2.5 预测模型展示截图

　　PM2.5 预测模型在线训练模块的页面由两部分组成，第一部分如图 2.55 所示，是以表格形式展示系统所有的 PM2.5 预测模型信息，包括模型的开始训练时间、模型的自定义参数、模型的预测精度等；第二部分如图 2.56 所示，是用户自定义参数的输入表单，涉及的参数包括 n_estimators、max_features 等，在参数输入框右侧会显示具体的参数说明，在表单下方有"点击开始训练模型"按钮，点击后会发送模型训练请求。

　　视图函数 train_model()负责处理 PM2.5 预测模型在线训练的请求。函数首先从用户发送的表单请求参数中获取上述用户自定义参数，并用这些参数通过随机森林模块生成 PM2.5 浓度预测模型，然后使用训练集进行模型训练并评估模型在测试集的性能表现，接着绘制模型的预测值和真实值之间的散点图，最后再将模型的结果返回到前端页面。在线训练模型的核心代码如下，其返回的结果如图 2.57。

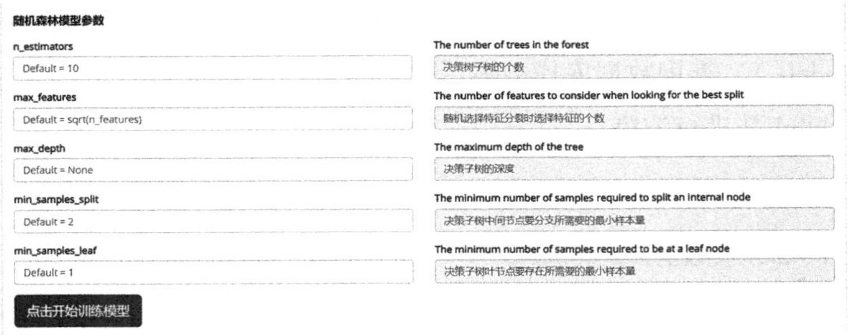

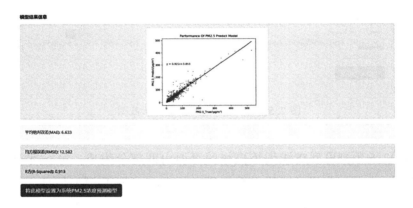

图 2.56　用户自定义预测模型参数截图

图 2.57　用户自定义预测模型返回结果信息截图

def train(train_params)

　　#以用户提交的参数生成模型

rfr = RandomForestRegressor(* * train_params)

　　#模型训练

rfr = rfr. fit(Xtrain, Ytrain)

　　#得到模型在测试集上表现

pd_true = Ytest

pd_predcit = rfr. predict(Xtest)

#计算性能指标

#计算 R^2

r2 = round(r2_score(pd_true, pd_predcit), 3)

　　#计算 RMSE

rmse = round(sqrt(mean_squared_error(pd_true, pd_predcit)), 3)

　　#计算 MAE

mae = round(mean_absolute_error(pd_true, pd_predcit), 3)

　　视图函数 set_model()用于将用户选择的模型设置为系统运行的预测模型，当用户在界面中点击"设置此模型为系统模型"按钮后，通过调用此视图函数获取用户需更新的模型，并查询系统中当前运行的预测模型，然后修改相应字段将用户所选择的模型设置为系统运行模型，同时对数据库中模型表的字段信息进行更新，其核心代码如下：

#获取需更新的模型

model = TrainModel.objects.get(pk=mode_id)

try：

　　#修改字段

　　#查询当前系统模型

current_model = TrainModel.objects.get(t_is_model=1)

current_model.t_is_model = 0

model.t_is_model = 1

current_model.save()

model.save()

　　#若查询失败

except TrainModel.DoesNotExist：

　　#设置需更新的模型为系统模型

model.t_is_model = 1

model.save()

2.9.3　系统的测试

本节根据前面讨论的系统需求和模块功能，对基于大气 PM2.5 暴露风险的城市绿色健康出行系统分别从功能性和非功能性两方面进行测试，验证其是否为一个成熟合格的产品，并按照测试结果进行系统优化与改进。

2.9.3.1　测试环境

本系统进行测试工作所使用的测试环境如表 2.17 所示。为对系统进行全面可靠地测试，需要在不同操作系统和浏览器下使用测试工具完成相关检测。

表 2.17　　　　　　　　　　　　　　系统测试环境

操作系统	Linux：Ubuntu Windows：Windows7、Windows10
浏览器	IE 浏览器 谷歌浏览器 火狐浏览器
测试工具	Web 功能测试工具 QTP Web 压力测试工具 Jmeter

2.9.3.2　测试内容

本节主要从功能需求和非功能需求两个方面对基于大气 PM2.5 暴露风险的城市绿色健康出行系统的各个功能进行测试。

（1）功能性测试

在系统功能性测试阶段，首先要明确被测项目中的功能模块及其子功能模块，以确定需要测试的范围。其次，需要对每个功能进行定义，即确定功能的预期结果。最后，通过边界值、等价类等测试方法对各个功能模块进行测试，判断被测试的功能是否存在缺陷。本节依据系统的功能需求分析和各个功能模块的逻辑结构，按照上述测试流程对系统的功能性需求进行测试，测试结果见表 2.18。

表 2.18 　　　　　　　　　　　**系统功能性测试用例**

测试内容	测试步骤	预期结果	测试结果
检测出行路线查询功能	1. 点击导航栏"主页"。 2. 在地图界面右键选定起点和终点。 3. 点击"出行路线查询"按钮。	当最后一个按钮被点击后，分别查询最低风险路径和最近距离路径，并将路线在前端地图显示，同时标明每条路线的暴露风险和距离长度。	验证通过
检测城市 PM2.5 分布查询功能	1. 点击导航栏"PM2.5 城市分布图"。 2. 选择下拉框中"当前时刻"或者"未来 1 小时"选项。	当下拉框中的选项被选中后，进行 PM2.5 浓度的空间插值，前端页面以热力图的形式展示结果。	验证通过
检测 PM2.5 预测模型在线训练功能	1. 点击导航栏"PM2.5 模型在线训练"。 2. 在页面参数表单输入模型自定义参数。 3. 点击"开始训练模型"按钮。	当最后一个按钮被点击后，以用户自定义的参数进行 PM2.5 预测模型的在线训练，在前端页面展示模型性能。	验证通过

（2）非功能性测试

一个完备的系统产品要能够正式部署上线，除必须满足用户的功能需求外，还需综合考虑外部因素对系统运行的影响，故对系统进行非功能性测试十分有必要。本节依据系统的非功能需求分析分别从性能、可靠性和易用性展开测试，测试结果见表 2.19。

143

表 2.19　　　　　　　　　　　系统非功能性测试用例

测试内容	测试步骤	预期结果	测试结果
性能测试	1. 进入出行路线查询模块，查询出行路线 2. 进入城市 PM2.5 分布查询模块，查询 PM2.5 分布。 3. 进入 PM2.5 预测模型在线训练模块，训练预测模型。 4. 模拟多个用户同时访问系统，观察系统运行情况。	1. 查询出行路线平均耗时应在 30 秒之内。 2. 绘制 PM2.5 城市分布图应在 5 秒之内。 3. 训练预测模型，返回模型性能信息应在 10 秒之内。 4. 系统各个功能模块正常运行。	验证通过
可靠性测试	1. 模拟系统断电等意外状况，观察系统运行情况。 2. 分别使用 IE 浏览器、谷歌浏览器和火狐浏览器访问系统，观察页面效果。	1. 系统能够保持稳定运行，且能从异常状态中恢复运行。 2. 不同浏览器访问效果应无差别。	验证通过
易用性测试	1. 使用浏览器进行系统访问。 2. 点击系统各个功能模块，观察系统运行情况及页面效果。	能够无障碍地快速定位目标功能模块，且页面效果清晰明了。	验证通过

2.9.3.3　测试结论

依据上述测试流程和方法，本研究分别从功能性测试和非功能性测试对系统进行了全面测试，结果表明各个功能模块符合用户需求，且质量比较高，系统界面友好，操作简单，在环境适配兼容方面也表现良好。而随着出行业务的发展、路网数据的扩大，系统在功能上还需进一步补充完善，在性能方面也需继续优化以提高用户体验。

2.10 小结与展望

2.10.1 总结

随着城市工业化步伐的加速，空气污染问题也日益显著，空气质量形势不容乐观，PM2.5因此成为了人们关注的焦点。鉴于城市空气污染无法短期内全面消除，在积极响应国家绿色出行的号召下，为满足人民日益增长的健康需求，本研究通过解决大气PM2.5的浓度预测和PM2.5的污染暴露评估问题，开发了基于大气PM2.5暴露风险的城市绿色健康出行系统，这不仅为政府制定防控决策提供理论依据，更为居民绿色健康出行提供了技术支持。本研究主要完成的内容如下：

（1）首先对获取的空气质量数据和气象数据进行清洗处理，删除了其中缺失值较多的PM10空气质量监测数据，并对缺失值较少的数据使用均值法进行填补。然后分析了PM2.5与空气质量因子和气象因子之间的相关性，发现PM2.5与AQI、SO_2、NO_2、CO之间呈现出较强的正相关性，与O_3之间呈现出一定的负相关性，而与气象因子之间呈现出不同程度的相关性，且PM2.5与空气质量因子的相关性强于与气象因子的相关性。发现探究了PM2.5与时间尺度（月、周、时）和之前时刻空气质量因子、气象因子之间的相关性，接着PM2.5在不同的时间尺度上呈现出一定的规律，且与之前时刻的特征因子之间存在较强的相关性。最后采用相关系数策略选择输入特征，通过时序化方法处理数据输入格式，并使用随机森林模型构建了未来1小时PM2.5浓度预测模型。对模型运用固定参数法和交叉验证进行参数调优，并对其在所有空气质量监测站点的拟合效果进行分析，结

果显示预测模型的 R^2 均在 0.87 以上，RMSE 均在 15 $\mu g/m^3$ 左右，MAE 均在 8 $\mu g/m^3$ 左右，表明该模型的性能良好。

（2）对北京市城市道路地图使用 ArcGIS 进行路网拓扑化处理，将路网数据中的相交节点和路段持久化为 Neo4j 图数据库中的节点与关系，共生成了 286098 个节点和 419264 条关系，并使用反距离权重法将 PM2.5 预测值空间插值为整个北京市。然后构建路网路段相对 PM2.5 暴露风险的计算模型，以此求得区域范围内道路路段的相对暴露风险，并将其更新到 Neo4j 图数据库的关系属性中。之后使用 Neo4j 图数据库提供的图算法扩展函数查询节点间的最低相对暴露风险路径，完成对查询路线的 PM2.5 暴露风险评估。研究还定量对比分析了基于 PM2.5 暴露风险权重的最低风险路线与基于距离权重的最短距离路线，结果显示最低风险路线比最短距离路线所面临的平均 PM2.5 相对暴露风险更小，并且在从低 PM2.5 浓度区域到高 PM2.5 浓度区域时两者的路线差异比达到了 27%，这表明基于 PM2.5 暴露风险权重的路径规划确实能够有效地指导居民绿色健康出行。

（3）依据前面基于 PM2.5 暴露风险权重的路径规划，本研究使用 Django 框架搭建了基于大气 PM2.5 暴露风险的城市绿色健康出行系统，通过分析用户必要的功能需求和系统稳定运行所需的非功能需求，将系统划分为出行路线查询、城市 PM2.5 分布查询和 PM2.5 预测模型在线训练三个模块。其中，出行路线查询模块主要包括最低暴露风险路线查询、最短距离路线查询等功能，通过处理用户对出行路线的查询请求，可视化展示路线查询的结果；城市 PM2.5 分布查询模块包括当前时刻和未来 1 小时的城市 PM2.5 分布查询功能，用于提供城市 PM2.5 浓度分布信息；PM2.5 预测模型在线训练模块主要包括模型参数自定义、模型在线训练等功能，允许用户以自定义模型参数在线训练 PM2.5 浓度预测模型。最后研究按照系统功能设计流程图逐步实现了各个功能模块，并通过系统的功能性测试和非功能性测试验证了所搭建的系统符合需求。

本研究涉及的部分软件代码已经获得了国家计算机软件著作权（登记号为 2021RS0202912）。

2.10.2　展望

本研究从居民绿色健康出行的需求出发，探究了基于 PM2.5 暴露风险权重的科学路径规划问题，并以此构建了基于大气 PM2.5 暴露风险的城市绿色健康出行系统，测试结果表明此系统满足了用户绿色健康出行的需求，但本研究尚存在不足之处有待后续研究：

（1）在搜集数据时，本研究暂时只截取了北京市 2017 年至 2019 年的空气质量监测数据和气象数据进行初步探究，但如需提高模型的预测能力，就应该继续收集监测数据以扩大样本容量，此外还可以采集车流量、土地利用类型等特征，并使用多维的特征数据进行大数据拟合。

（2）在搭建基于大气 PM2.5 暴露风险的城市绿色健康出行系统时，针对的用户主要是使用主动交通（步行、骑行）出行的居民，但如需将系统在公众范围内深度推广，就要综合考虑室内外 PM2.5 浓度变化规律以扩大系统的适用范围。此外，为丰富系统的功能，可以从居民的绿色健康运动（如跑步锻炼等）的角度出发，设计开发基于 PM2.5 暴露风险的居民绿色健康运动路线制定等功能，这更是为建设全民健康运动的"健康中国"提供强有力的科技支撑。

参考文献

［1］Xing，R.，Zheng，J.，Cai，Z. P. China's Urbanization 2.0［R］. New York：Morgan Stanley，2020，https：//www. mayiwenku. com/p-13748893. html.

［2］陈敏. 新时代中国生态文明制度建设研究［D］. 济南：山东大学，2020.

［3］崔冬. 低碳环保绿色出行［J］. 城市公共交通，2018，1：50.

［4］中共中央国务院.《"健康中国 2030"规划纲要》［R］. 中华人民共和国国务院办公厅，2016，http：//www. gov. cn/zhengce/2016-10/25/content_5124174. htm.

［5］Cheng，Y. H.，Chang，H. P.，Cheng，J. H. Short-term exposure to PM10，

PM2.5, ultrafine particles and CO_2 for passengers at an intercity bus terminal[J]. Atmospheric Environment, 2011, 45(12): 2034-2042.

[6] 生态环境部.《环境空气质量标准》[R]. 中华人民共和国中央人民政府, 2012, http://www.gov.cn/zwgk/2012-03/02/content_2081004.htm.

[7] 生态环境部, 国家发展和改革委员会, 工业和信息化部, 等.《京津冀及周边地区 2019-2020 年秋冬季大气污染综合治理攻坚行动方案》[R]. 中华人民共和国生态环境部, 2019, http://www.mee.gov.cn/xxgk2018/xxgk/xxgk03/201910/t20191016_737803.html.

[8] Tainio, M., Andersen, Z.J., Hu, L., et al. Air pollution, physical activity and health: A mapping review of the evidence [J]. Environment International, 2021, 147: 105954.

[9] Chen, J.J., Lu J., Avise, J.C., DaMassa, J.A., et al. Seasonal modeling of PM2.5 in California's San Joaquin Valley[J]. Atmospheric Environment, 2014, 92: 192-190.

[10] Bae, M., Kim, B.U., Kim, H.C., et al. A multiscale tiered approach to quantify contributions: A case study of PM2.5 in South Korea during 2010-2017[J]. Atmospheric Environment, 2020, 11(2): 141.

[11] Yang, X.C., Wu, Q.Z., Zhao, R., et al. New method for evaluating winter air quality: PM2.5 assessment using Community Multi-Scale Air Quality Modeling (CMAQ) in Xi'an[J]. Atmospheric Environment, 2019, 211: 18-28.

[12] Zhang, Q., Xue D., Liu, X.H., et al. Process analysis of PM2.5 pollution events in a coastal city of China using CMAQ[J]. Journal of Environmental Sciences, 2019, 79(05): 225-238.

[13] 汪辉, 刘强, 王昱, 等. 基于 Model-3/CMAQ 和 CAMx 模式的台州市 PM2.5 数值模拟研究[J]. 环境与可持续发展, 2019, 44(03): 93-96.

[14] David, J.B., Collin, S. Mapping urban air pollution using GIS: a regression-based approach [J]. International Journal of Geographical

Information Science, 1997, 11(7): 699-718.

[15] Hoogh, K. D., Chen, J., Gulliver, J., et al. Spatial PM 2.5, NO_2, O_3 and BC models for Western Europe-Evaluation of spatiotemporal stability [J]. Environment International, 2018, 120: 81-92.

[16] Miri, M., Ghassoun Y., Dovlatabadi A., et al. Estimate annual and seasonal PM1, PM2.5 and PM10 concentrations using land use regression model[J]. Ecotoxicology and Environmental Safety, 2019, 174: 137-145.

[17] Zhang, X. Y., Chu, Y. Y., Wang, Y. X., et al. Predicting daily PM2.5 concentrations in Texas using high-resolution satellite aerosol optical depth [J]. Science of the Total Environment, 2018, 631(8): 904-911.

[18] Hajiloo, F., Hamzeh, S., Gheysari, M. Impact assessment of meteoro-logical and environmental parameters on PM2.5 concentrations using remote sensing data and GWR analysis (case study of Tehran) [J]. Environmental Science and Pollution Research, 2019, 26(24): 24331-24345.

[19] 刘玲, 宋马林. 基于 ARMA 模型的南京市 PM2.5 浓度分析与预测[J]. 枣庄学院学报, 2016, 33(02): 54-62.

[20] Zhang, L. Y., Lin, J. N., Qiu, R. Z., et al. Trend analysis and forecast of PM 2.5 in Fuzhou, China using the ARIMA model [J]. Ecological Indicators, 2018, 95(1): 702-710.

[21] Osowski S., Garanty K. Forecasting of the daily meteorological pollution using wavelets and support vector machine[J]. Engineering Applications of Artificial Intelligence, 2006, 20(6): 745-755.

[22] Wang, P., Zhang, H., Qin, Z. D., et al. A novel hybrid-Garch model based on ARIMA and SVM for PM2.5 concentrations forecasting [J]. Atmospheric Pollution Research, 2017, 8(5): 850-860.

[23] Zhu, S. L., Lian, X. Y, Wei, L., et al. PM2.5 forecasting using SVR with PSOGSA algorithm based on CEEMD, GRNN and GCA considering meteorological factors[J]. Atmospheric Environment, 2018, 183: 20-32.

[24] Zhao, C., Wang, Q., Ban, J., et al. Estimating the daily PM2.5 concentration in the Beijing-Tianjin-Hebei region using a random forest model with a 0.01° × 0.01° spatial resolution [J]. Environment International, 2020, 134: 105279.

[25] Wei, J., Huang, W., Li, Z. Q., et al. Estimating 1-km-resolution PM2.5 concentrations across China using the space-time random forest approach [J]. Remote Sensing of Environment, 2019, 231: 111221.

[26] Huang, K. Y, Xiao, Q. Y., Meng, X., et al. Predicting monthly high-resolution PM2.5 concentrations with random forest model in the North China Plain[J]. Environmental Pollution, 2018, 242: 675-683.

[27] Joharestani, M. Z., Cao, C. X., Ni, X. L., et al. PM2.5 prediction based on random forest, XGBoost, and deep learning using multisource remote sensing data[J]. Atmosphere, 2019, 10(7): 373.

[28] Li, S. Z., Xie, G., Ren, J. C., et al. Urban PM2.5 concentration prediction via Attention-Based CNN-LSTM[J]. Applied Sciences, 2020, 10(6): 1953.

[29] Zhao, W. F., Zhou, Y., Tang W. Novel convolution and LSTM model for forecasting PM2.5 concentration[J]. International Journal of Performability Engineering, 2019, 15(6): 1528-1537.

[30] 王一松, 王直杰. 基于实时交通信息的最优路径规划算法研究[J]. 计算机与现代化, 2013, 2: 52-55.

[31] Miler M., Medak, M., Odobašić, D. The shortest path algorithm performance comparison in graph and relational database on a transportation network[J]. PROMET-Traffic & Transportation, 2014, 26(12): 75-82.

[32] Dijkstra, E. W. A note on two problems in connexion with graphs [J]. Numerische Mathematik, 1959, 1(1): 269-271.

[33] Chabini, I., Lan, S. Adaptations of the A * algorithm for the computation of fastest paths in deterministic discrete-time dynamic networks[J]. IEEE

Transactions on Intelligent Transportation Systems，2002，3（1）：60-74.

［34］Bellman，R. On a routing problem［J］. Quarterly of Applied Mathematics，1958，16（1）：87-90.

［35］Floyd R. W. Algorithm 97：Shortest path［J］. Communications of the ACM，1962，5（6）：345-346.

［36］宋宝燕，张瑞浩，单晓欢，等. 一种基于 Hadoop 的大规模图最短路径查询方法［J］. 辽宁大学学报（自然科学版），2016，43（02）：109-113.

［37］Trung，P.，Phuc，D. Improving the shortest path finding algorithm in apache spark graphX［P］. Machine Learning and Soft Computing，2018.

［38］殷鹏. 基于 NoSQL 的路网最短路径查询及优化［J］. 电子技术与软件工程，2018，22：10-11.

［39］于海鹏. 基于 NOSQL 数据库的路网最短路径查询及优化研究［D］. 北京：北京工业大学，2016.

［40］蒋颂. 基于图数据库 Neo4J 的室内地图系统的设计与实现［D］. 上海：上海交通大学，2017.

［41］Breiman，L. Random forests［J］. Machine Learning，2001，45：5-32.

［42］Breiman，L. Bagging predictors［J］. Machine Learning，1996，24（2）：123-140.

［43］金田重郎，Quinlan，J. R. C4.5 Programs for machine learning［J］. Journal of Japanese Society for Artificial Intelligence，1995，10：475-476.

［44］Breiman L.，Friedman，J. H.，Olshen，R. A.，et al. Classification and Regression Trees（CART）［J］. Biometrics，1984，40（3）：358.

［45］陈添. 关于本市 2019 年环境状况和环境保护目标完成情况的报告［J］. 北京市人大常委会公报，2020，2：67-73.

［46］丁思磊，陈云，张波. 基于 OpenStreetMap 数据的交通要素处理［J］. 测绘与空间地理信息，2020，43（S1）：55-56.

［47］Munehiro，K. Special section on IDW［J］. ITE Transactions on Media Technology and Applications，2020，8（4）：159.

[48]世界卫生组织.空气质量准则[S].2005.https：//www.who.int/phe/
　　health_topics/outdoorair_aqg/zh/.

[49]Kemper,C.Querying data in Neo4j with Cypher[M].Canada：Berkeley,
　　2015：15-16.

[50]胡阳.Django 企业开发实战[M].北京：人民邮电出版社,2019：
　　57-108.

第3章 基于物联网的老年人跌倒监护系统研究

3.1 研究背景与意义

国家统计局最新数据显示，国内年龄超过 60 岁的人有 2 亿 4000 万，占全国人口总数的 17.3%，年龄超过 65 岁的人有 1 亿 5830 万，占全国人口总数的 11.4%[1]，超过联合国的 60 岁及以上人口占总人数 10%、65 岁及以上人口占总人数 7% 的规定，这说明中国已经进入老龄化社会。老龄化带来了很多的社会问题，尤其是家庭人口结构的改变。由于计划生育的影响，中国现在的家庭中出现了大量的"4-2-1"家庭模式，就是两个劳动力需要养五口人的局面。而现在的养老、子女教育等费用也日益增高，经济压力迫使年轻劳动力外出工作，老年人不能够得到很好的照顾，出现空巢老人的现象，对老年人的监护越来越成为一个社会问题。身体健康是人们普遍关心的，特别是我国人口老龄化的发展十分迅速，人们对健康的需要增长较快，民众在希望"好看病、看好病"的时候，也更加注重自己的身体健康，在 2016 年 8 月召开的全国卫生与健康大会上，习近平曾指出，要"把以治病为中心转变为以人民健康为中心，关注生命全周期、健康全过程"[2]。

在 2011 年卫生部发布的《老年人跌倒干预技术指南》中，将跌倒定义为突发、非自主地倒在地面上[3]，并且还给出了很多切实有效的建议。老年人在日常生活中跌倒是造成伤残和死亡的重要原因。由于身体机能的衰退、平衡感以及视觉能力的退化，老年人在日常生活中跌倒的可能性非常高，而跌倒后可能引起的相关疾病、恐惧心理会进一步影响老人的正常生活，从而加大再次跌倒的风险。由此可见，跌倒是老年人人身安全的重大威胁，也是增加社会负担的重要因素。此外，跌倒时常伴随突发性心脏疾病，例如突发心肌梗塞、心脏猝死等，这类突发性疾病发病快，给救护人员留下的时间并不多，因此研究并设计一种不影响老年人日常生活的跌倒监护系统就显得十分有必要。而随着智能化移动终端的发展，智能可穿戴设备广泛流行，采用智能可穿戴设备进行跌倒监护将会十分便利。本系统的目标是利用物联网对老年人的相关生理数据实时监测并进行数据分析处理，当监测到老人发生跌倒时，系统能够精确地定位并自动呼救，让老人能够在第一时间得到有效治疗。

3.2　国内外研究现状

社会老龄化问题不仅仅出现在中国，在其他国家甚至更加严重，像德国、日本都出台了相关法律鼓励生育，但效果依旧不理想。随着老龄化现象的加重，社会对老年人的关注逐渐加强，促使对老年人的跌倒监测以及呼救系统等相关技术的研究成为热点。国内外学者提出了许多人体跌倒的监测方法，大致分为两种。第一种是非穿戴式检测，该方法主要是基于图像识别技术，在需要监护的地方装设摄像头采集图像并采用相关技术实时判断用户是否跌倒[6]。这种监测方法的优点是不需要佩戴任何的监测设备，但在人们日益重视个人隐私的情况下是不合适的，会让用户产生"被监视"的心理；而且这种方法容易受到环境因素影响，例如被监护人在室外行走离开了监测区域，或者是被家里的家具挡住等情况会使得图像采集失败，所以该方法不适合大量推广。第二种方法是穿戴式检测，这种方法是将各种小型传感器组合在一起，开发成手环类产品佩戴在手腕或者身体的其它部位，通过手环测量的数据来判断是否发生跌倒。由于这种检测方法便捷且不受时间和地理位置限制，因此在国内外有大量的研究。

在国内，浙江大学的穆峥等人[9]研究了一种便携式人体健康状况监测系统，他们采用光电容积脉搏波描记法测量，通过心率传感器与温度传感器相结合的方式，用智能数据的测量、分析和无线网络技术等模块设计出了一款便携式人体健康监测系统。该系统能够准确完成用户身体状态数据的测量工作，并且能够将分析处理后的数据通过无线网络传输到监护中心，当数据出现异常时，系统能够及时发出报警信号，从而实现对被监护人的医疗救助。闽南理工学院的郑清兰、陈寿坤等人[10]研究了以一种基于Android的跌倒测试仪，他们主要是利用三轴加速度传感器得到人体的动态速度值，并且把这些数据传递检查算法中去检测是否发生跌倒行为，当发现被监护人跌倒时，仪器会利用GPS确定跌倒的位置并向紧急联系人呼救。中国科学院深圳先进研究院的李美惠[11]同样对跌倒检测系统有研究，她设计并实现了一款基于智能手机的跌倒检测系统。该系统首先需要收集用户日常生活中的相关数据，并对收集到的数据进行处理。她设计出一种向量机(SVM)和决策树相结合的检测算法，先用SVM算法判断用户是否跌倒，当SVM判定发生跌倒时再用决策树算法进行二次校验判定，从而减少误报。西安电子科技大学石婷等人[12]设计出了一种基于Android的摔倒检测系统，该系统通过传感器、智能手机、定位技术等实现了摔倒检测报警功能。当系统检测到老人发生跌倒时，智能手机能够及时地发送求救短信给家人，其中呼救短信的内容包括用户的联系电话以及摔倒的位置，并且在用户摔倒后手机响会起警报，引起路人注意以便获得帮助。另外，该系统能够在GPS没有开启的情况下通过基站进行定位，使老人能够及时获得救助。

与中国相比，老龄化问题在不少发达国家很早就已经出现。在国外，子女成年之后一般不与父母住在一起，因此老年人的监护问题也较早得到了关注。Rafael Luque等人[13]提出了一个基于Android的跌落检测系统，该系统使用移动嵌入式加速度传感器来学习跌落行为与采集数据之间的关系，在跌落检测的过程中通过预先配置好的触点进行不同的跌落检测算法测试，并收集相关的实验数据进行性能评估。该系统能够识别因人类活动如坐、走、站等引起的跌倒，灵敏度为 72.22%，特异度为 73.78%。
Koshmak 等人[14]开发了基于生理学的自动跌倒检测系统，该系统利用运行
Android 操作系统的智能手机平台对加速度数据进行采集、存储和处理，在
发生跌倒时，系统会发出警报并远程告知护理人员用户的当前位置。
Manuel Silva、Filipe Sousa 等人[15]以手机为平台开发了一种基于智能手机
的跌倒检测器。他们还在手机上设计了基于加速度的跌倒检测算法，该算
法是在 Android 操作系统上实现的，并在几款智能手机上进行了测试，其
中包括一款 MEMS 加速计。研究人员在实验室环境中进行了大量的跌倒事
件和日常生活活动的模拟，并保证手机性能足以处理加速度计实时数据。
实验结果表明，该算法能够以 92.67% 的灵敏度将跌倒与正常活动区分开
来。以上研究只是单独地利用心率或陀螺仪去判断人体的身体状态，虽然
能够正确判断出用户的状态，但实验结果准确率可以进一步提高。比如老
年人发生心脏类疾病跌倒时，可能会引起心率的变化但人倚靠在其他物体
上没有跌倒，所以将心率和陀螺仪相结合起来就能更精确地判断用户的状
态，从而在发生危险情况时能够及时帮助到用户。

3.3　研究目标与内容概述

本研究针对老年人数量逐渐增多且老人易发生跌倒这一现象，研究并
设计了一种基于物联网的老人跌倒监护系统[8]。本系统拟采取佩戴方式来
采集并分析人体数据特征，判断是心率是否正常以及是否发生跌倒的情
况，并且当检测到用户发生跌倒时，系统能够自动发送求救短信并及时通
知紧急联系人，保证跌倒后的老人得到及时、有效的医疗救助。本研究以
建立一套快速高效、准确率高的老年人跌倒监护系统为目标，研究内容与
技术路线主要包括：

（1）跌倒监护系统的总体架构设计。系统采用分层架构，具体分为传
感器层、智能手机层和远程服务器层。而在系统的心率检测、跌倒检测、
定位以及呼救功能设计方面，心率检测采用的是光电容积脉搏波描记法，

该方法可以根据心脏周期性搏动引起的人体组织器官透光率变化计算出心率；跌倒检测采用的是穿戴式检测法，通过将传感层佩戴在手腕处来采集用户的相关数据，然后与阈值比较从而判断是否发生跌倒；定位功能借助百度的定位 SDK 开发而成[17]。关于系统之间数据的传递，传感器层与智能手机层之间采用的是高可靠、低功率的蓝牙，智能手机层与远程服务器之间则采用 GPRS 无线网络技术进行传输，同时在设计中规定了各传输过程中数据的字段名、格式，方便在接收端进行数据解析。

（2）老年人跌倒监护系统相关设计的具体实现。心率检测方面，首先是选取符合要求的心率传感器并对其进行编码，然后完成智能手机层的编码，通过智能手机层接收、解析、显示心率的相关数据；跌倒检测是将陀螺仪传感器检测到的数据与实验得出的阈值进行比较，主要工作是完成跌倒检测算法的编码以及对算法的检验；综合监护相关功能的实现依赖与服务器进行数据交互，其中久坐提醒功能能够提醒用户在久坐后离开座位放松，环境监测功能能够帮助用户了解空气质量是否良好。

（3）研究小结与展望，这部分内容是对课题中存在的不足以及系统中需要改进的地方进行总结，并对研究工作的未来前景进行展望。

3.4 监护系统的设计

本研究所设计的老年人跌倒监护系统的主要作用是检测用户是否发生跌倒[4]，以及在发生危险情况时能够触发呼救功能，使用户能得到及时、有效的救助，从而为用户的健康生活提供安全保障。监护系统的四个功能分别是心率检测、跌倒检测、定位以及呼救，这些功能的实现需要对监护系统的架构进行总体设计，对于心率检测算法、跌倒检测算法、系统中各层间数据的传输以及在传输过程中数据的封装、解析格式也都需要进行规范化的设计。

3.4.1 系统结构设计

本系统是基于物联网的老年人跌倒监护系统，目的是解决用户的跌倒呼救以及心率检测等问题，当系统检测到用户发生跌倒时，确保用户能够得到及时有效的救助。系统采用分层次的架构体系，由三部分组成：传感器层、智能手机层和远程服务器层。三个层次之间通过不同的网络技术进行通信，其中蓝牙已经成为智能手机的标配，而且 Android 系统对蓝牙的相关适配已经非常成熟，进行蓝牙程序的开发相对简单[18]，另外蓝牙比其他的射频模块体积更小，且低功耗、速度快、安全性高、穿透性强、稳定性高等特点也更符合本系统的设计需求，因此在传感器层与智能手机层之间采用蓝牙传输数据。而在智能手机模块与服务器之间则采用 GPRS 进行连接通讯，系统结构如图 3.1 所示。

蓝牙模块

陀螺仪

心率传感器

STM32微控制器　　Android智能手机　　后台服务器

图 3.1　系统结构图

　　传感器层需要采集人体的相关数据并传输至智能手机层进行分析，传感器层主要有三个传感器节点：心率传感器用于收集心率的相关数据；六轴陀螺仪传感器用于收集加速度、角速度和角度等数据；蓝牙将数据按照规定格式传输到智能手机层。

　　智能手机层需要完成四项工作：（1）数据的收集，智能手机层需要将各个传感器的数据进行汇集，并根据这些数据进行跌倒判断[19]；（2）定位，跌倒监护系统需要在用户发生跌倒时快速精准定位到被监护人所跌倒的位置；（3）紧急呼救，跌倒监护系统发现被监护人发生跌倒后，智能手机层需要能够迅速地以短信的方式将包含被监护人跌倒位置的信息发送给紧急联系人，并且自动拨打紧急呼救电话；（4）远程数据传输，被监护人的健康数据需要传输到远程服务器进行存储备份，方便以后被监护人或者亲属查阅。

服务器层由两部分组成：一是紧急联系人，当系统检测到用户发生跌倒时，紧急联系人能够接收到被监护人发送的呼救短信；二是远程服务器，方便存储用户的个人数据，方便以后对被监护人的身体状况进行分析。

系统分层具有以下优点：

（1）系统功能扩展的灵活性。由于采用分层的架构，每层是一个整体，每层之间只有少量的数据传输操作，相互关联度不大，而传感器层中的每个传感器都是采用同一套协议与 STM32 微控制器相连，而后利用蓝牙与智能手机层进行数据交互。相对松散的耦合结构添加新的节点变得相当简单，只要传感器层与智能手机层之间的数据传输采用相同的协议，那么这个新的传感器节点就可以添加到系统中。同样当智能手机层需要添加某些功能时，只要采用相同的数据传输格式就可以添加新的功能。

（2）传感器节点的易穿戴性。因为每个传感器节点都需要与智能手机层连接，而定位、紧急呼救等功能不需集成到传感器层，将它们放到智能手机层即可，所以只需要一个低功耗、体积小的无线网络收发器用于传感器层和智能手机层进行通讯，这样传感器节点的体积将更小、功耗会更低，从而使得传感器节点的可穿戴性提高[20]。

3.4.2　系统功能设计

智能手机层的应用程序是使用 Java 语言在 AndroidStudio 上进行编程设计的，这样能够高效、快捷地完成跌倒监护系统各个功能模块的开发。该系统主要有心率检测、跌倒检测、定位以及呼救四个功能[21]，应用程序功能框图如图 3.2 所示。

3.4.2.1　心率检测算法

随着社会生活水平的提高以及生活节奏的加快，人们的睡眠、饮食等

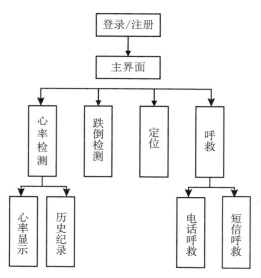

图 3.2　程序功能图

生活习惯变得不规律，使人们到晚年会出现各种心血管类疾病，因此实时检测用户心率变化是本系统需要考虑的一个方面。心率检测可以帮助用户在家就能够了解自身的心率情况而不用去医院，减轻了个人和社会的负担，对用户生命健康具有重要的意义。

测量心率的方法有心电图法和光电容积脉搏波描记法[22]。其中心电图法测量的精确度较高并且还可以测量其他相关生理数据，所以这种检测方法通常被医院等对数据精确度要求较高的机构所采用。但是这种检测方法需要在用户身体上布置多个接触点来获取心脏的相关数据，使用时还需要专业的医护人员操作，过程繁琐且成本高，因此这种测量方法不适合在穿戴式设备上推广。与心电图法相比，用光电容积脉搏波描记法来测量心率就简单方便不少，用户只需要将传感器佩戴在手腕或者手指上就可以快速测量出心率，但测量的精度比心电图法略差。不过因操作方便、测量速度快等特点，光电容积脉搏波描记法适合用于易携带的可穿戴设备上。

下面介绍光电容积脉搏波描记法进行心率检测的原理。因为人体的血液呈现红色[5]，所以血液能够反射心率传感器发射的红外光或者红光，甚至是吸收部分绿光，而人体心脏跳动时会引起手腕或手指处血液的增多，从而造成在心脏跳动时血液透光率的不同，再使用光电传感器接收经过人体组织器官反射回来的光线，并将其转为电信号放大输出。心脏跳动时，血液从心脏流向全身各处，手腕处血液增多、透光率差[6]，光电传感器获得的光信号较弱；在心跳间隙血液较少、透光率高，光电传感器获得的光信号较强。由于手腕处血液的流量是根据心脏的博动而出现周期性的变化，因此光电传感器测量到的光信号周期就能够表示心率的变化周期，从而可以计算出心率以及心率的变化率。整个心率传感器的结构如图 3.3 所示。

图 3.3　心率传感器结构图

心率传感器的 LED 灯向人体组织射出一束光，在碰到人体的组织器官时部分光会被吸收或被反射，光电传感器对接收到的光信号过滤，将过滤后的光信号转换成电信号并进行放大处理，放大后的电信号能够被单片机的 AD 模块收集到从而转换成数字信号。心率算法流程如图 3.4 所示。

心率算法实现步骤：

（1）初始化 STM32 微控制器，利用光电容积脉搏波描记法获取到原始信号；

（2）过滤掉原始光信号中的直流信号，再用滤波处理除去原始信号的噪声干扰；

（3）利用峰值法寻找数据的峰值并记录；

（4）利用心率传感器的频率计算得出心率；

（5）判断心率是否在正常值范围内，若是则保存并输出该心率值，否则重新接收光信号并重复以上操作。

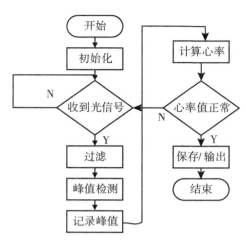

图 3.4　心率算法流程图

3.4.2.2　跌倒检测算法

　　智能可穿戴式的跌倒检测设备具有成本低、易穿戴、设备体积小等特点，而且选用了功耗低、精度高的六轴陀螺仪传感器 MPU6050 来获取用户日常生活中的加速度、角度和角速度等数据[23]。为了提高跌倒算法的准确性并分析用户的身体状态，本研究还用心率传感器测量用户的心率并计算出心率的变化率，避免用户在出现心脏类疾病时倚靠在墙上或扶在家具上而跌倒算法无法识别的情况，此时可以利用用户的心率数据进行报警，从而减少漏报的情况。本研究根据大量的实验数据分析出在跌倒过程中的特征值，并设计了准确度较高的跌倒检测算法，其中 STM32 微控制器对各个传感器测量的数据进行汇总并按照规定格式进行封装后传输至智能手机层，智能手机层在收到数据后按照同样的格式解析数据，将数据放入跌倒检测算法中判断用户的运动状态以及用户是否发生跌倒。

　　跌倒检测的算法虽然较多，但大致分为两大类：一类是非穿戴式的，另一类是穿戴式的。非穿戴式主要是基于图像识别技术，需要在用户经常活动的场所安装摄像头来进行图像数据的采集，然后对采集到的图像进行图像识别处理，从而分析出用户的身体状态，判断是否发生跌倒。该方法虽然能够判断用户是否发生跌倒但有一定的局限性，如果用户经常在户外活动那么该方法就明显不合适。穿戴检测的方法是利用陀螺仪来获取三个方向三轴的合加速度数据，然后将数据与阈值比较从而判断是否跌倒，虽然这种方法能够进行跌倒判断，但是其判断的依据过于单一，会出现较多的误判[24]。本研究的跌倒检测算法利用角度、加速度、角速度、心率和心率变化率来综合判断用户是否发生跌倒，其中心率变化率等于相邻两次心率的绝对值除以 10，因为相邻两次心率相差过大可能是出现心脏类疾病的征兆。当心率异常时系统会进行预警，从而让用户能更好掌握自身身体状况。

为了找出跌倒时各个参数的阈值，我们首先建立了一个如图 3.5 所示的人体模型。在实验过程中，将传感器佩戴在用户的左手腕处，并让其 X 轴指向前后方向，Y 轴指向上下方向，Z 轴指向左右向，并且规定绕 X 轴转动的加速度为 a_x、角速度为 w_x，绕 Y 轴转动的加速度为 a_y、角速度为 w_y，绕 Z 轴转动的加速度为 a_z、角速度为 w_z，加速度和角速度的矢量和分别为 A、W。其合速度计算公式分别为：

$$A = \sqrt{a_x^2 + a_y^2 + a_z^2} \tag{3.1}$$

$$W = \sqrt{w_x^2 + w_y^2 + w_z^2} \tag{3.2}$$

人在日常活动时会与地面形成一定的角度，在正常活动过程中这个角度会小幅度的改变，但是在发生跌倒时，该角度会发生较大的改变，所以可以利用角度参数来减少误判。

$$P = (w_x^2 + w_z^2)/A \tag{3.3}$$

为了获取发生跌倒时各个参数的阈值，本研究邀请了 25 名志愿者进行数据的收集工作：将所有志愿者分成 5 组，每名志愿者需要模拟 6 种不同的动作，这 6 个动作分别为正常行走、向前跌倒、向后跌倒、侧向跌倒、突然蹲下、慢跑。最后将所有的数据汇总，分析计算出相关的阈值，数据收集过程如下：

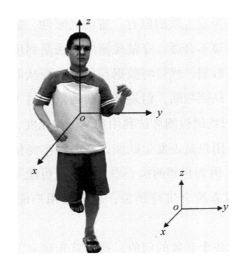

图 3.5　人体模型图

（1）正常行走

人在日常生活中最常见的动作就是正常行走，如图 3.6 所示，可以看出正常行走时 X 轴、Y 轴以及 Z 轴三轴的加速度都有小幅度的波动，其中 X、Y 轴对应的是前后、上下方向，这是因为在正常行走过程中人需要前进以及上下起伏；Z 轴对应的左右方向也有波动，这是因为正常行走时不可能是完全沿直线，在走动过程中出现的左右摇晃导致 Z 轴加速度发生波动，这是正常现象。角速度波动幅度相对于加速度较大，主要表现为先增大、后减小、再增大的过程。角度在一段时间后突然变大可能是用户调整了行走的方向所致，而角速度出现了较有规律的波动则是志愿者来回走动的效果。用户在正常行走过程中心率在 80 次/分波动，心率变化率在 60% 左右变化，二者的变化均在正常范围内。

（2）向前跌倒

从图 3.7 上能够明显地看出进行了一次跌倒动作。发生跌倒时加速度、角速度、角度都出现了明显的变化，其中加速度与角速度在跌倒前后基本

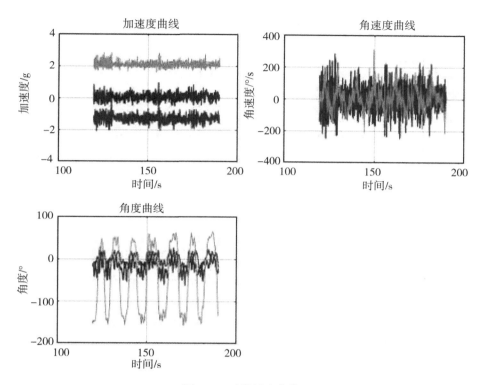

图 3.6　正常行走曲线

上是水平直线差别不大，只有在跌倒时出现峰值；而角度在跌倒前后出现细微的区别，这是因为志愿者在跌倒后是侧躺在地面上。与正常行走相比向前跌倒的变化幅度较大，其中 X 轴的加速度峰值达到了 5g 以上，角速度峰值则接近 500，而正常行走的 X 轴加速度峰值仅在 1.5g 左右，角速度峰值也只有 80 左右。与正常行走的心率相比向前跌倒的心率变化较小，跌倒时心率先升高后减小，由 75 到 83 再到 76，可能是用户身体与地面撞击所致，心率变化率在 80% 左右波动。

（3）向后跌倒

与向前跌倒相比，向后跌倒只是在跌倒的方向上发生了变化，但是向后跌倒的各种曲线变化要稍微高于向前跌倒的。从图 3.8 中可以看出，当

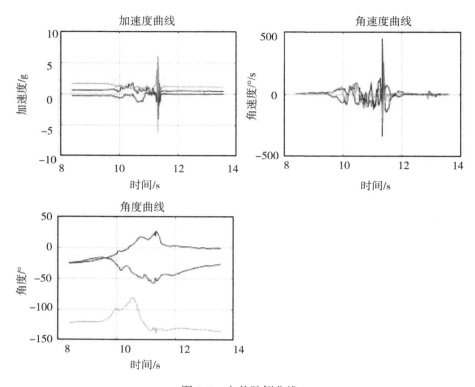

图 3.7　向前跌倒曲线

向后跌倒时加速度的峰值达到了 8g 左右，而角速度的峰值到了 750 左右，主要是因为向前跌倒时用户会不自觉地使用双手撑地，而向后跌倒时用户是弓着腿向后面跌倒，往往是臀部先着地，从而导致加速度和角速度与向前跌倒时有了一定的差异。但是向前与向后跌倒的加速度变化趋势是一致的，都是先平稳后增大再平稳的过程。心率方面，向后跌倒的心率先一直增大直到跌倒后才开始减小，可能是因为向后跌倒时用户对身后状况不熟悉，产生恐慌导致心率持续升高，而心率变化率最大值达到了 120%，这也证明了用户的心率波动较大。

（4）侧向跌倒

侧向跌倒基本与向前、向后跌倒类似，唯一不同的是 Y 轴加速度的峰

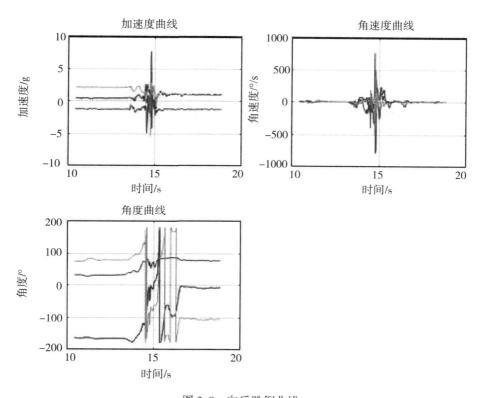

图 3.8 向后跌倒曲线

值高达 11g。从图 3.9 可以看出一共跌倒了两次，分别是向左、向右跌倒，两次跌倒的加速度、角速度变化相似，而且这两次角速度、角度的变化都比向前、向后跌倒的变化略大，加速度峰值高达 11g 可能是因为志愿者侧向跌倒后用手肘略作缓冲导致。在侧向跌倒过程中虽然心率和心率变化率也有所改变，但是变化的幅度没有向后跌倒的幅度大，心率是先升高到峰值 89 之后回落，变化率在 70% 左右，这主要是因为侧向跌倒时人的眼睛能够观察到地面，用户有心理准备导致心率变化幅度比向后跌倒小。

（5）蹲下

人们有时候会慢慢地蹲下去处理事情，这种动作在日常生活中非常常

167

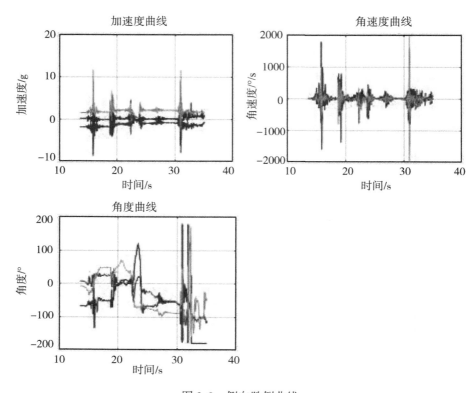

图 3.9　侧向跌倒曲线

见，但是它的某些特征与正常行走有些类似。从图 3.10 上可以看出存在三次蹲起动作，虽然加速度有三次变化但是波动幅度并不是很大，峰值最大值只是接近 2g，这与正常行走时加速度的峰值十分接近；而二者的角度变化区别较大，正常行走时有两个轴向的角度发生变化，而蹲下时只有一个轴向的角度有较大的波动；蹲下角速度的变化则只是比正常行走的波动略大一些。用户在进行蹲起时心率基本在 75 分/次左右，心率变化率在 50%左右，与正常行走的相关数据差不多。

（6）慢跑

慢跑是一种常见的锻炼身体的方式，它的变化曲线与之前描述的其他

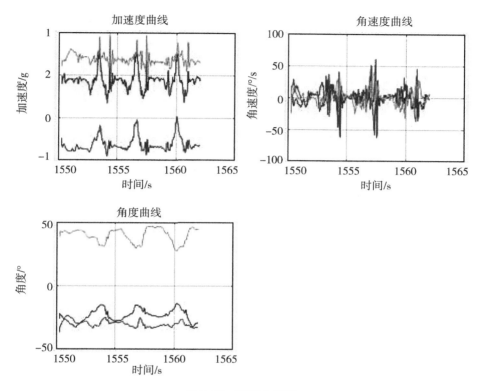

图 3.10　蹲下曲线图

动作曲线相比有显著的差别。慢跑时加速度波动的幅度不是很大但是波动的频率很快，而角速度的波动幅度比正常行走大但比跌倒的幅度小，这主要是因为在慢跑过程中人体总是上下起伏，并且身体也在左右摇晃，而且有时候会因转向等原因导致曲线出现差异，变化曲线如图 3.11 所示。与突然蹲下的动作相比，慢跑的心率更高，这是因为慢跑比蹲下的动作还要剧烈，心率与变化率都会逐渐增大但都在正常范围内。

　　以上就是实验数据的收集过程，通过分析这些数据，我们发现在跌倒时加速度会有一个略微减小再增大再减小再略微增大到正常范围的过程，并且跌倒的加速度、角速度等峰值远大于正常行走的峰值。正常行走的加

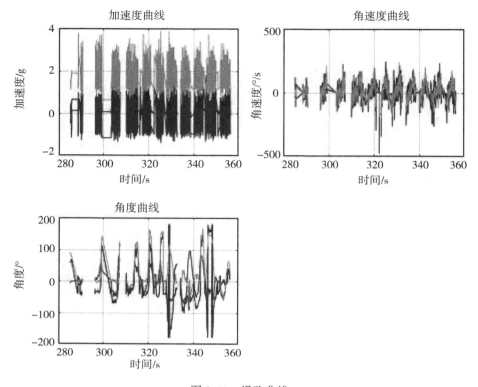

图 3.11　慢跑曲线

速度变化曲线是持续波动起伏的，不论是向前或向后，加速度曲线的变化都是先平稳再增大再平稳。这些都可以用来区分用户是否发生跌倒。以上的数据表明，在判断跌倒时应当以六轴陀螺仪的相关数据为准，而心率的相关数据可以用来减少误判。

通过实验我们可以得出加速度、角度、角速度、心率、心率变化率的阈值，并利用这些阈值来对用户的身体状态进行综合判断，避免只使用加速度阈值进行单一判断而造成误判，提高跌倒检测的准确率，从而保证用户的安全。跌倒算法的具体流程见图 3.12。

跌倒检测算法步骤如下：

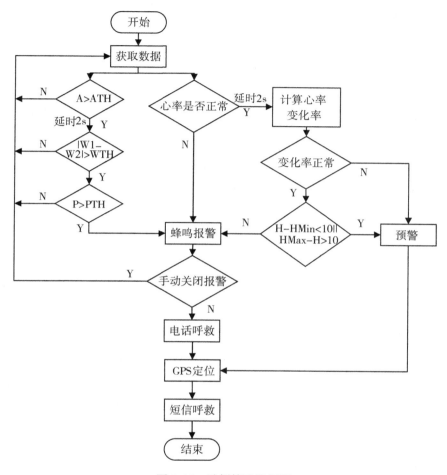

图 3.12 跌倒算法流程图

1. 六轴陀螺仪跌倒检测：

（1）智能手机层获取当前用户的加速度、角速度、角度数据。

（2）根据公式计算出当前的合加速度是否大于合加速度阈值 ATH，是则延时 2 秒后进入下一步判断，否则重新获取用户当前的相关数据。

（3）判断 2 秒内的合角速度变化的绝对值是否大于合角速度的阈值 WTH，是则进行下一步判断，否则重新获取用户当前的相关数据。

171

（4）判断当前的合角度是否大于合角度的阈值 PTH，是则应用程序先进行蜂鸣报警并延时 5 秒，否则重新获取用户当前的相关数据。

（5）判断用户是否手动关闭蜂鸣报警，是则重新获取用户当前的相关数据，否则先进行电话呼救然后定位并发送呼救短信。

2. 心率传感器跌倒检测：

（1）先判断用户的心率是否正常，是则进行下一步判断，否则直接蜂鸣报警。

（2）智能手机层获取用户 2 秒内心率的数据。

（3）计算出 2 秒内的心率变化率，并判断其是否在正常范围内，是则进行下一步判断，否则进行预警。

（4）判断当前心率是否在正常范围内并且是否接近阈值，是则进行预警，否则进行蜂鸣报警。

（5）判断用户是否手动关闭蜂鸣报警，是则重新获取用户当前的相关数据，否则进行电话呼救然后定位并发送呼救短信。

报警和预警的区别在于发送的短信内容有所不同以及是否拨打电话，报警发送的内容包括用户的姓名、跌倒的位置、用户的电话号码等，同时会拨打呼救电话，而预警短信中增加了预警的原因，比如心率变化率异常或者心率接近阈值，对可能出现的风险进行预测，让紧急联系人提前做好防范。

3.4.2.3　定位功能

本系统除了人体数据的采集外，另一个重要环节是实现用户的快速定位，定位的准确与否关系到用户在跌倒后能否得到及时的救助，从而减少不必要的损失。本系统采用的是百度地图的 API 接口来实现定位功能，其主要步骤如下，详细步骤请前往百度地图开发平台查看[25]。

（1）在百度地图开发平台中申请 AK。

（2）下载定位 SDK，将 jar 和 so 文件放入工程相应的目录下。

（3）在 build. gradle 文件中设置 sourceSets 引入相关 jar 包。

（4）在 AndroidManifest. xml 配置文件中填写申请的 AK，添加定位的相关权限。

至此所有定位功能的准备工作完成，只需要在程序中编写相关的代码即可，定位步骤如下：

（1）应用程序初始化。

（2）收到定位请求后，应用程序运行定位代码获取相关数据。

（3）将相关数据解析为具体的位置信息。

目前，主流的定位方式主要有三种，分别是 GPS 定位、基站定位、AGPS 定位。其中 GPS 定位是直接利用卫星来获取用户的地理位置信息[26]，虽然定位精度是最高的，但是它也具有高功耗、用户默认关闭 GPS 模块、室内精度差等缺点；基站定位分为两种，第一种是利用距离手机最近的三个基站计算出用户当前的位置，第二种是利用距离手机最近的一个基站获取其相关数据，利用谷歌 Web 进行定位，该种方式只要附近有基站就能够实现定位，但其精度比 GPS 定位差；AGPS 定位是将 GSM 或 GPRS 与传统卫星定位相结合，使用基地发送辅助卫星信号，从而降低 GPS 芯片获取卫星信号的时间，虽然其精度的最高，但对硬件要求较高。本系统主要是采用前两种方式进行定位，首先用 GPS 进行定位，在 GPS 没有开启的情况下则用基站进行定位，保证在任何情况下都能够快速定位到用户的当前位置，提高安全监护的质量。

3.4.2.4 呼救功能

呼救功能在跌倒监护系统中是关系到用户生命安全的重要一环，呼救主要有两种方式。一种是主动呼救，在用户感到自己身体不适时可以拨打紧急联系人的电话，拨打电话的方式可以是手机自带电话功能也可以是本系统的应用程序。与手机自带的功能相比，通过本系统的应用程序拨打电话不需要去寻找紧急联系人的电话号码，只要在安装程序后把紧急联系人进行绑定，打开呼救界面就能够自动拨打电话呼救。当用户不知道自身具体位置但又需要帮助时还可以使用本系统的短信呼救功能，该功能是向紧急联系人发送包含用户位置的短信，紧急联系人在收到短信后可以去短信描述的位置寻找，使用户在发生危险但系统没有监测到的情况下能够向亲属呼救。另外一种情况就是被动呼救，当用户发生跌倒时应用程序会自动向紧急联系人发送一条包含位置信息的短信并拨打紧急救助电话进行呼救，呼救流程见图 3.13。

　　从图上可以看出，虽然主动呼救与被动呼救都需要发送短信，但是两者的实现方法不同。主动呼救是调用 Android 系统的短信接口，这种方式能够监听发送状态和接收方的状态，如果呼救短信发送失败系统会提示需要重新发送；被动呼救是调用手机自动的短信 APP 发送，不论发送成功与否都没有任何提示。

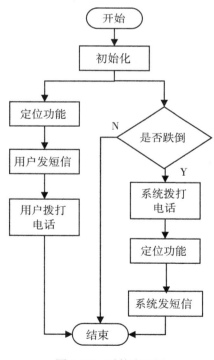

图 3.13　呼救流程图

3.4.3　系统数据传输设计

3.4.3.1　传感器层与智能手机层传输方案

本节主要是介绍老年人跌倒监护系统的数据传输问题，主要分为两部分：一是传感器层如何与智能手机层进行数据传输，二是智能手机层与服务器层是如何进行数据传输。

1. 传感器层与智能手机层数据传输方案

蓝牙是一种短距离无线通信技术，它具有十分鲜明的优点：低功率、低延时、稳定可靠。目前市面上大部分电子设备都有蓝牙模块，智能手机也不例外。蓝牙的普及让人们能够方便地通过蓝牙与周边的其他设备进行交互，有利于开发者的开发利用[27]，所以本系统采用蓝牙技术在传感器层与智能手机层之间进行数据交互。智能手机层采用的是市占率更高的Android系统智能手机，谷歌为蓝牙的开发编写了大量工具类，开发起来比较方便。本系统使用的蓝牙为 XM-15B 蓝牙串口模块，它使用的是蓝牙2.1 协议，与 XM-10B(采用蓝牙 4.0 协议)相比具有传输速度快、不限制系统等特点。XM-15B 出厂默认配置为从机可以根据用户需要设置为主机，波特率为 9600，配对密码为 1234。在使用之前需要根据用户自己的需求利用 USB-TTL 与 XM-15B 想连接进行配置具体操作如下，将两个模块的电源和地相连，TXD 和 RXD 引脚交叉连接，如表 3.1 所示。

表 3.1　　　　　　　　　　引脚连接表

USB-TIL	XM-15B
+5V	VCC
GND	GND
TXD	RXD
RXD	TXD

连接好后将 USB 转 TTL 模块插入电脑，使用工具设置相关参数，把基本设置一栏中的工作角色改为从机；在密码一栏可以看到默认密码是 1234，可以根据用户的需要修改；在串口参数一栏中可以看到波特率一项，需要将波特率修改为 115200，因为心率传感器的波特率是 115200，这两者的波特率需要保持一致；最后点击左侧的设置参数按钮保存以上所有的操作。当所有参数修改完成后，将蓝牙与 STM32 微控制器连接，同样电源和地相连，RXD 和 TXD 交叉连接，如表 3.2 所示。

表 3.2　　　　　　　　　　　　引脚连接表

XM-15B	STM32 微控制器
VCC	VCC
GND	GND
TXD	RX
RXD	TX

接通电源后，如果蓝牙的 LED 闪烁说明配对没有成功，此时需要在手机上与蓝牙进行配对。配对密码为用户设置的新密码或者是默认密码。配对成功后可以看到蓝牙模块的 LED 常亮，至此蓝牙设置完毕。

蓝牙协议标准是目前被广泛使用的短距离无线通信协议标准[28]，谷歌从 Android 2.0 版本就开始推出蓝牙相关的 SDK，为广大开发者准备了蓝牙相关的工具类，从而降低了 Android 系统蓝牙相关功能开发的难度，本系统在使用蓝牙的过程中就大量利用了 Android 系统准备的工具类。使用蓝牙功能需要在工程的配置文件中加入蓝牙使用权限声明：

<uses-permission android：name = " android. permission. BLUETOOTH" />

< uses-permission android：name = " android. permission. BLUETOOTH _ ADMIN" />

第一条权限声明是表示程序需要获取蓝牙权限，如果在工程的配置文件中没有声明该权限那么程序就不能够获取蓝牙的相关信息；第二条

是程序获取对蓝牙进行操作的权限，如果程序需要进行打开、搜索蓝牙等操作就需要在配置文件中声明该条权限。谷歌将蓝牙相关的工具类放在 Android. Bluetooth 包下[29]，本系统在开发过程中使用了以下几个工具类：

（1）Bluetooth Adapter 类，使用 Bluetoothadapter 中的 Getdefaultadapter 方法得到蓝牙适配器对象 Mbluetoothadapter[7]，之后可以利用这个对象去进行获取手机蓝牙的状态、打开手机的蓝牙以及搜索新的蓝牙设备等操作。

（2）BluetoothDevice 类，通过 Mbluetoothadapter 对象调用 Getremotedevice 方法返回一个蓝牙设备实例化对象，其中 Getremotedevice 方法的参数是蓝牙的 MAC 地址。

（3）BluetoothServer Socket 类，它是用来监听其他蓝牙设备的连接请求，当另一个蓝牙的请求被正确接收后会返回一个 Socket 对象，否则会一直阻塞等待连接。

（4）BluetoothSocket 类，系统利用返回的 Socket 对象调用 Connect 方法进行连接，连接后蓝牙设备间的数据交互主要有以下三个步骤：①在一个新的线程中调用 Bluetooth Socket 类中的 Getinputstream 方法来获取输入流、调用 Getoutputstream 方法来获取输出流；②在获取到数据后要对数据按照规定的传输格式进行解析，然后才能进行分析、处理等；③在完成蓝牙设备间的数据交互后需要调用 Bluetooth Socket 中的 Close 方法关闭读写线程释放系统资源。

2. 传感器节点与智能手机层数据传输格式

本小节对传感器节点与智能手机之间的数据传输格式进行设计。六轴陀螺仪传感器的数据分为 3 个数据包[30]，分别为加速度包、角速度包和角度包，每个包的包头都不一样。陀螺仪的波特率为 115200，与 STM32 微控制器保持一致方便数据的传递。加速度数据格式如表 3.3 所示，角速度数据格式如表 3.4 所示，角度数据格式如表 3.5 所示。

表 3. 3　　　　　　　　　　　　　加速度格式表

编号	字段	说明
1	0x55	包头
2	0x51	加速度包
3	AxL	X 轴低字节
4	AxH	X 轴高字节
5	AyL	Y 轴低字节
6	AyH	Y 轴高字节
7	AzL	Z 轴低字节
8	AzH	Z 轴高字节

加速度计算公式：

$$ax = ((AxH<<8) | AxL)/32768 * 16(g)$$

$$ay = ((AyH<<8) | AyL)/32768 * 16(g)$$

$$az = ((AzH<<8) | AzL)/32768 * 16(g)$$

公式中 g 为重力加速度，取 9. 8 m/s^2，ax 表示 X 轴加速度、ay 表示 Y 轴加速度、az 表示 Z 轴加速度。

表 3. 4　　　　　　　　　　　　　角速度格式表

编号	字段	说明
1	0x55	包头
2	0x52	角速度包
3	WxL	X 轴低字节
4	WxH	X 轴高字节
5	WyL	Y 轴低字节
5	WyH	Y 轴高字节
7	WzL	Z 轴低字节
8	WzH	Z 轴高字节

角速度计算公式：

$$wx = ((wxH<<8) | wxL)/32768 * 2000(°/s)$$

$$wy = ((wyH<<8) | wyL)/32768 * 2000(°/s)$$

$$wz = ((wzH<<8) | wzL)/32768 * 2000(°/s)$$

公式中 wx 表示 X 轴角速度、wx 表示 Y 轴角速度、wx 表示 Z 轴角速度。

表 3.5 角度格式表

编号	字段	说明
1	0x55	包头
2	0x53	角度包
3	RollL	X 轴低字节
4	RollH	X 轴高字节
5	PitchL	Y 轴低字节
6	PitchLH	Y 轴高字节
7	YawL	Z 轴低字节
8	YawH	Z 轴高字节

角度计算公式：

$$Roll = ((RollH<<8) | RollL)/32768 * 180(°)$$

$$Pitch = ((PitchH<<8) | PitchL)/32768 * 180(°)$$

$$Yaw = ((YawH<<8) | YawL)/32768 * 180(°)$$

公式中 Roll 表示 X 轴角度、Pitch 表示 Y 轴角度、Yaw 表示 Z 轴角度。

最后由传感器层传输到智能手机层的数据是以十六进制进行传输的，格式是加速度、角速度、角度、心率拼接而成。本系统数据的发送端和接收端都应该使用以上规定的格式进行数据交互，从而减少因数据格式不同而造成的错误，也提高程序的可靠性。

3.4.3.2　智能手机层与远程服务器层传输方案

智能手机层在接收到传感器层封装的数据后，需要对数据进行分析处理并把相关的数据保存到远程服务器上。考虑到 GPRS 技术可以稳定地传送大容量的高质量音频与视频文件，并且连接时间短、效率高，而若无 GPRS 技术的支持，智能手机在上传数据时如果遇到电话接入可能会造成数据上传失败，所以本研究选择主流的 GPRS 网络接入方式以数据包的形式将数据上传到服务器[31]。GPRS 用的是 TCP/IP 协议，TCP/IP 协议又包含 TCP 和 UDP 协议，其中 TCP 协议是通过三次握手建立有效可靠的连接，在传输过程中基本上不存在丢包的情况，而 UDP 协议在发送数据之前不需要确认接收方是否可以安全接收数据，是一种不可靠的数据传输协议，可能会出现丢包现象，所以本研究采用的安全可靠的 TCP 协议，TCP 协议数据包格式如表 3.6 所示。

表 3.6　　　　　　　　　**TCP 数据包格式表**

16 位源端口号							16 位目的端口号
32 位序号							
32 位确认序号							
4 位首部长度	6 位保留	URG	ACK	PSH	TCP	RST	FIN	16 位窗口大小
16 位校验和							16 位紧急指针
选项							
数据							

表 3.6 中字段说明如下：

①16 源端口号/目的端口号：表示数据从哪个进程来到哪个进程去。

②32 位序号：给每个数据包进行编号，用于在接收端进行数据重组。

③4 位首部长度：表示该 TCP 报头有多少个 4 字节(32 个 bit)。

④6 位保留：顾名思义，先保留着以防万一。

⑤6 位标志位：URG 用于标识紧急指针是否有效、ACK 用于标识确认序号是否有效、PSH 用于提示程序从 TCP 缓冲区读取数据、RST 用于含有 RST 标识的报文称为复位报文段、SYN：含有 SYN 标识的报文称为同步报文段、FIN 用于告知另一端本端即将关闭，含有 FIN 标识的是结束报文段。

⑥16 位窗口大小：表示每个 TCP 数据段的大小。

⑦16 位检验和：检验数据在传输时是否出现丢包。

⑧16 位紧急指针：用来标识哪部分数据是紧急数据。

⑨选项和数据暂时忽略。

表 3.6 中的数据是传感器层测量的数据以及其他相关数据，部分字段说明见表 3.7。

表 3.7　　　　　　　　　　　**TCP 数据包类型说明表**

字段	字段说明
GPS	GPS 经纬度数据
Location	地理位置数据
Health	健康数据包
Name	姓名
Pwd	密码

统一智能手机层与服务器层的数据传输格式后，服务器层就能够快速地从访问请求中解析出相关字段的数据，避免因各层使用不同字段来表示同一数据而造成不必要的麻烦。统一数据格式后不同用户的数据能够快速地被解析处理并存入对应的数据库，有利于节约服务器层的资源，也有利于数据的管理。

3.4.3.3　监护呼救方案

呼救模块在整个跌倒监护系统中扮演着非常重要的角色，当发生跌倒时该模块能否正常工作关系到用户是否能够得到及时的医疗救护，从而避免受到更大的伤害。经过深思熟虑，本系统决定采取两种不同的呼救方式[32]——电话呼救和短信呼救，确保系统能够把呼救信息传递出去，从而达到安全监护的目的。

（1）电话呼救方案

当跌倒监护系统检测到用户跌倒时，智能手机层会先拨打电话进行呼救，在呼救过程中还会把包含用户跌倒位置的求救短信发送给紧急联系人。当然被监护人如果还保留清醒的意识也可以自己手动拨打呼救电话，只需要打开本系统配套的 APP 在紧急联系人界面点击拨打电话即可，与通过智能手机自带的拨打电话功能相比，这一方法省去了寻找被呼叫人的步骤，这样能够节省时间使被监护人得到及时的救助。

（2）短信呼救方案

在使用短信呼救功能前，需要先绑定紧急联系人的电话号码，该联系人可以是已经存储在手机通讯录中的联系人也可以是用户手动添加的号码，但必须是真实有效的电话号码，用户在初次绑定时可以点击拨打电话按钮进行测试。当跌倒监护系统检测到用户发生跌倒时，智能手机会以短信的形式将相关信息发送给紧急联系人，短信的格式为：被监护人姓名+跌倒位置+用户的手机号码。

3.5　监护系统的实现

本章主要介绍心率检测、跌倒监测、定位、呼救等功能的实现。在整个老年人跌倒监护系统中，传感器层负责采集人体相关生理数据信息并通过串口传输到 STM32 微控制器，STM32 微控制器将各数据按照规定的传输协议进行封装然后通过蓝牙传输到监护系统的智能手机层[34]。本系统根据蓝牙传输协议进行智能手机层相关界面编程，使用 BluetoothSocket 实现了与传感器层的蓝牙的数据交互，然后采用多线程机制完成了智能手机层界面的相关数据显示，并实现了对用户相关数据的接收、处理和保存。系统初始化之后，用户先注册登录并设置相关信息，例如性别、年龄、身高、体重等，接着应用程序开启蓝牙，搜索传感器层的蓝牙模块并与之配对。然后跌倒监护系统根据蓝牙传输的用户相关生理数据，使用跌倒监测算法判断用户是否出现跌倒，是则发送求救信息，监护人员在接收到报警求救信息后，应立即采取措施进行救援，从而避免造成更多的伤害；否则显示并保存心率等数据。程序整个流程如图 3.14 所示。

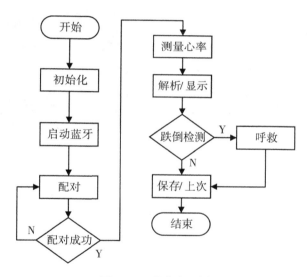

图 3.14   程序流程图

3.5.1   心率检测

本项目初期选取了三种心率传感器作为实验器材，分别是：

①DFrobot 推出的一款微型心率传感器（图 3.15），该传感器虽然体积小，但能准确测量人体心率。它与 Arduino 主控器能够很好地兼容，而且还设计有 Gravity 3-Pin 接口，使用起来非常便利。该心率传感器使用光电

容积脉搏波描记法测量心率，这是一种先进的光学技术，拥有响应快、性能稳定等优点。这款心率传感器设计有两个安装孔，可以方便地佩戴在手指或者手腕处。

②DFrobot 的单导联心电传感器（图 3. 16）能够测量人体的心电活动，但是测量到的心电数据会包含大量噪声，对此 DFrobot 使用 AD8232 信号调理模块来解决这个问题。AD8232 信号调理模块被广泛用于生物电测量，它能够在有噪声的情况下提取、过滤或者放大微弱的电信号[33]，将它与STM32 微控制器结合能够很方便地收集到输出信号。

图 3. 15　超小型心率传感器　　　　图 3. 16　单导联心电传感器

③Pulsesensor 是一款采用光电反射法的心率传感器（图 3. 17）。使用方法是把它佩戴在手腕或者手指等处，然后用导线将其与单片机连接，这样就能够将收集到的信号通过单片机转换成数字信号，从而计算出具体的心率值。

图 3. 17　PulseSensor 传感器

　　本研究对这三种传感器进行了筛选，首先根据便携性就可以淘汰DFrobot 的单导联心电传感器，其佩戴方式如图 3.18 所示。

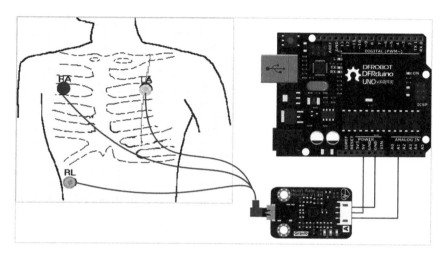

图 3.18　单导联心电传感器佩戴图

　　从图中可以看出，这种传感器的佩戴方式复杂不符合系统的设计要求所以先剔除。而其他两种传感器体积小巧，都可以做成穿戴式产品，这里用它们进行简单的心率测量，测量时间为 10 分钟，结果如图 3.19 和图3.20 所示。

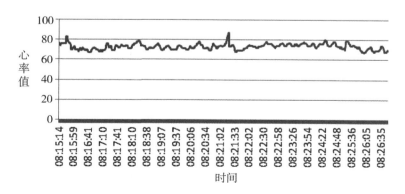

图 3.19　超小型心率传感器心率图

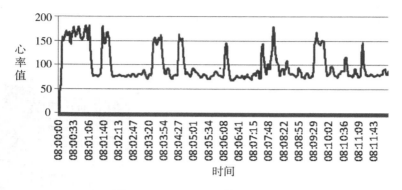

图 3.20　PulseSensor 传感器心率图

人的正常心率值为 60～100 次/分，通过上面两张图可以明显地看出来 DFrobot 的超小型心率传感器检测出的心率值是落在正常范围内，而 Pulsesensor 传感器测量得到的心率值往往超出范围，所以本系统采用 DFrobot 推出的超小型心率传感器。

心率传感器是由波长为 515 nm 的绿光 LED 光源与波长为 565 nm 的光接收器组成，两者的波长接近，测量的准确度较高。由于光接收器所接收到的原始信号中存在噪声，所以在传感器中使用低通滤波器进行过滤，再用 MCP6001 构成的放大器对过滤后的信号进行放大处理，放大后的信号能够很好地被 STM32 微控制器的 AD 模块采集到。该心率传感器的 S 串口与 STM32 控制器的 AO 端口相连接，通过这个串口将数据传输到 STM32 控制器；心率模块的"+"串口与 STM32 微控制器的 5V（或者 3V）的电源串口相连，为心率传感器供电；心率模块的"-"与 STM32 微控制器的 GND 串口相连，形成接地。就这样，利用 STM32 微控制器将各个传感器的数据收集起来并按照一定的格式封装后传输给智能手机层。

智能手机层首先接收传感器层的数据，由于存在丢包的可能性，每次在接收数据时都会先验证数据长度是否足够，在没有丢包情况下再去读取相应的数据。前面在陀螺仪传感器模块中介绍了陀螺仪数据的包头是 55，51 标识该包是加速度包、52 标识该包是角速度包、53 标识该包是角度包，最后八位才是心率相关的数据。当用户点击心率界面的一键体检时系统开始 15 秒倒计时，首先通过 MyBluetoothSocket.getSocke 方法得到 MyBluetoothSocket 对象，通过这个对象调用 Getinputstream 方法得到字符流数据，之后使用 Byte 数组读取数据。因为数据是以十六进制传输，所以在使用之前需要将其转换成十进制的数据。这个时候就可以收集这 15 秒内心率的数值，系统会把明显错误的数据剔除掉后把符合要求的数据放在一个 List 集合中，之后统计这 15 秒内心率的平均值并显示在 View 控件上。在这个过程中相关的数据以文本的形式缓存在本地并且服务器上也会保存一份，本地缓存的作用是当用户点击心率界面的历史记录时可以快速查看以前的心率值，并且在没有网络的情况下也可以了解用户自己以前的心率情况。当本地没有记录时系统就会到服务器上获取相关数据并在本地缓存一份。在历史记录界面能够看到测量心率的详细时间，并且在下方会绘制出最近 30 次的心率折线图。心率测量界面如图 3.21，历史记录如图 3.22 所示，心率测试流程如图 3.23。

图 3.21　心率测量结果图

图 3.22　心率历史记录图

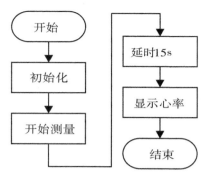

图 3.23　心率测试流程图

为了检验心率检测算法的准确度，本研究选取了 10 名志愿者进行实验。志愿者左手佩戴本系统的数据采集终端右手佩戴小米手环进行测试，测试结果如表 3.8 所示。

表 3.8　心率检测测试结果表

实验组数	采集终端	小米手环	误差
1	76	75	1
2	73	77	-4
3	69	72	-3
4	81	76	5
5	78	81	-3
6	73	71	2
7	70	70	0
8	74	75	-1
9	78	75	3
10	85	80	5

由上表可知，本系统的心率检测结果与小米手环测量的心率相比虽然存在 ±5 左右误差，但基本满足用户日常检测心率的要求，说明本系统设计

的心率检测功能满足设计要求。

3.5.2 跌倒检测

本研究采用的六轴陀螺仪传感器为 MPU6050，该传感器体积小、功耗低，测量精度高静态 0.05°，动态 0.1°，被广泛用于电脑、智能手机等电子设备中，用作本系统跌倒算法的传感器十分合适。本系统将该传感器佩戴在被监护人的手腕处，然后通过 STM32 微控制器读取测量数据并通过串口输出到智能手机层，智能手机层利用这些数据来判断是否跌倒。六轴陀螺仪与 STM32 微控制器的连接如图 3.24 所示。

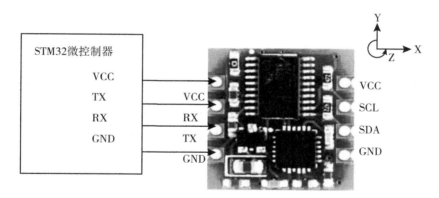

图 3.24　陀螺仪与微控制器连接图

表 3.9　　　　　　　　　　　　陀螺仪引脚说明表

名　　称	功　　能
VCC	3.3V 或 5V 输入
RX	串行数据输入
TX	串行数据输出
GND	地线
SCL	IIC 时钟线
SDA	IIC 信号线

六轴陀螺仪传感器的轴向在图 3.24 的右上方标示了出来，X 轴指向右方，Y 轴指向上方，Z 轴指向前方。X 轴角度即为绕 X 轴旋转方向的角度，Y 轴角度即为绕 Y 轴旋转方向的角度，Z 轴角度即为绕 Z 轴旋转方向的角度[35]。

与心率传感器一样，陀螺仪也需要与 STM32 微控制器进行数据交互，其中六轴陀螺仪传感器的 VCC 串口与 STM32 微控制器的 VCC 串口相连接，因为陀螺仪没有设计单独的供电串口，需要通过 STM32 微控制器的 VCC 串口进行供电。陀螺仪的串行数据输出串口（RXD）与 STM32 微控制器的串行数据输入串口（TXD）相连接，这样陀螺仪就能够将数据传输到 STM32 微控制器，另外还需要将陀螺仪的输入串口（TXD）与 STM32 微控制器的输出串口（RXD）相连接，最后将两者的 GND 串口连接在一起即可。至此，STM32 微控制器就可以获取到传感器层的所有数据，然后通过无线网络技术将数据传递到智能手机层。

在进行跌倒测试之前需要先确定相关的阈值[36]。研究首先通过实验获取相关数据并画出折线图，从中找出加速度、角速度等数据的波峰和波谷并将数据保存到数据库中[37]，最后利用 POI 技术将数据库中的表格转换成 Excel 表，这样就能够看出正常动作和跌倒动作时加速度、角速度波动的区间，从而确定相关的阈值。从下图能够看出，正常行走时合加速度的最大值在 5.5g 以下，而跌倒时合加速度均高于 20g，远远高于正常行走时的合加速度，而正常行走时的合角速度也低于跌倒时的合角速度，这样就得到了关键的阈值数据。

心率的变化与众多心脏疾病息息相关，正常人的心率一般是 60～100 次/分[39]，如果心率低于 40 次/分或者高于 160 次/分，大多是出现心脏类疾病，在这种时候跌倒监控系统应该进行警报。成年人在日常生活中如果心率达到 100～160 次/分之间，这种状况被称为窦性心动过速，一般是人过于兴奋、激动，或者出现缺氧、发热等情况；如果心率在 45-60 次/分，这种状况被称为窦性心动过缓，一般出现在长时间做重体力劳动的人员身上，或者是因为颅内压增高以及奎尼丁、心得安类药物过量等情况。在日

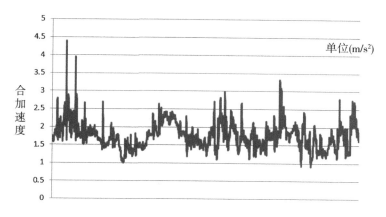

图 3.25　正常行走时合加速度图

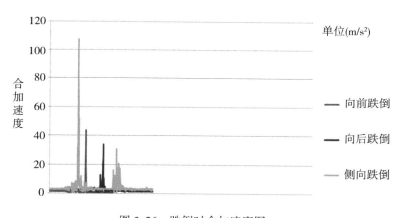

图 3.26　跌倒时合加速度图

常生活中很多人都会出现心率过缓或过速的情况，但是对于大部分人来说这是正常现象，不必过于担心，因此系统在检测到这两种状况时只会进行预警，让用户适当关注自己的身体状况。而当成年人的心率低于45次/分时，一般会出现胸闷、头晕无力等症状，严重时甚至会出现猝死，如果出现这种情况跌倒监护系统会立即进行警报，让用户尽快去医院治疗。

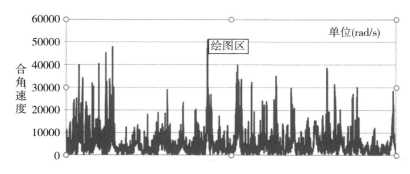

图 3.27　正常行走时合角速度图

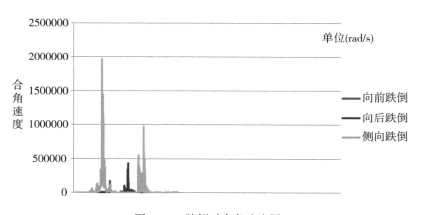

图 3.28　跌倒时合角速度图

　　为了检验跌倒检测功能的准确度，本研究选取了 25 位志愿者参与跌倒测试，我们将所有志愿者分成 5 组，让每位志愿者做 10 次跌倒动作，测试结果如表 3.10 所示。

　　从表 3.10 中我们可以看出跌倒检测功能的准确度在 97%以上，基本可以排除用户正常运动产生误报的情况。因此该跌倒算法设计能够满足用户日常运动监护的需求，为用户日常生活中可能发生跌倒的风险提供安全保障。

表 3.10 跌倒检测测试结果表

编号	跌倒次数	警报次数	误差
1	50	48	2
2	50	49	1
3	50	50	0
4	50	49	1
5	50	48	2

除跌倒检测，本系统还有定位功能需要测试。能快速准确地定位到用户当前的位置是为用户提供救援的关键一步，因此本研究选取了四个不同的地方对定位功能进行测试。考虑到采用百度地图进行定位存在一定的误差，所以本系统对可能跌倒的位置按照概率大小顺序给出了用户跌倒的位置信息，测试结果如图 3.29 所示。

图 3.29 定位功能测试图(1)

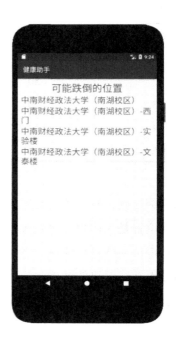

图 3.29　定位功能测试图(2)

从上图可以看出,虽然最终的定位有所偏差,但基本能够快速地定位到用户当前的位置,紧急联系人只需要去以上地方寻找,就能够找到跌倒人员。跌倒之后还需要进行呼救,其中电话呼救是调用手机自带的功能无需测试,这里只简单对短信呼救功能进行测试,测试结果如图 3.30 所示。

可以看出,当用户发生跌倒时,系统能够向紧急联系人发送包含用户姓名、地理位置、电话号码等内容的呼救短信,从而达到安全监护的目的。

3.5.3　综合监护

综合监护功能需要与远程服务器配合使用,该服务器是系统数据的储存、处理中心[38]。服务器层采用 MyEclipse 工具开发,数据库编写则采用开源、免费的 MySql 数据库设计,服务器采用主流的 Java 语言,系统架构

图 3.30　短信功能测试图

采用主流的 SSM（Spring+SpringMVC+Mybatis）框架搭建。其中 SSM 是标准的 MVC 模式，远程服务器层可分为 View 层、Controller 层、Service 层、DAO 层，使用 Spring MVC 框架处理用户的访问请求，Spring 框架对系统中的对象实现统一管理，Mybatis 框架实现对数据的持久化，服务器层结构如图 3.31 所示。服务器层是系统中重要的组成部分，它不仅要接收智能手机层的访问请求，还要与智能手机层进行数据交互，例如心率的历史记录功能就需要从服务器层获取数据。服务器层存储着大量的用户数据，后期可以通过对这些数据的分析、挖掘等，为用户提供更加优质的服务。

服务器层之所以采用这种分层次架构，主要是为了降低耦合度，避免出现为了修改一处而要改动整个服务器层代码的情况。SSM 框架能够帮助我们统一管理创建的对象，修改时只要在相应的配置文件中略作修改即可。智能手机层的访问请求在 Controller 层中处理，然后 Controller 层调用 Service 层的方法、Service 层调用 DAO 层的方法，最终在 DAO 层中完对成

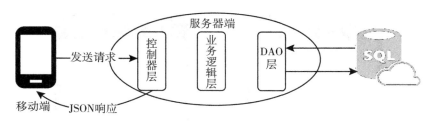

图 3.31　服务器层结构图

数据的增、删、改、查操作。然后将数据层层返回，传递给智能手机层，这样就完成了一次数据的交互。

随着生活水平的日益提高，人们更加注重生活质量，对自身的身体健康、居住地周围的环境也提出了更高的要求，因此本系统还设计出久坐提醒和环境监测提醒两个功能来满足这些需求。久坐提醒功能能够对长时间坐着的人进行提醒。久坐会给身体带来一些危害，而且易导致发胖，这是因为久坐会导致身体血液循环不通、活动量减小，从而使腹部堆积出赘肉；同时久坐不动时血液循环速度放缓，长年累月的久坐会使心脏机能衰退，易引起心脏类的疾病；另外久坐还会影响脊柱，不正确的坐姿会比站姿给脊柱造成的压力更大，骨盆会把背肌拉长，久而久之人的身体就会出现腰酸背痛。久坐有这么多危害，所以久坐提醒这个小功能十分有用[40]。

由图 3.32 可知，久坐提醒这个功能需要用户手动开启并设置好开始时间与结束时间，当系统检测到用户在结束时间一个小时之后仍然没有起身活动时，应用程序就会使手机震动提醒用户该离开座位活动一下身体以缓解疲劳。

虽然人们对环境保护的力度逐渐加大，生活环境也日益好转，但环境污染的问题依旧存在。特别是大气污染，在日常生活中越来越多的人开始对大气污染物、PM2.5 等指标进行关注，并根据这些数据做出相应的防护措施。本系统能够监测用户日常活动场所的空气质量，当用户所在位置的空气出现重度污染时系统给用户发送相应的提醒，具体如图 3.33 所示。

图 3.32 久坐提醒功能实现图

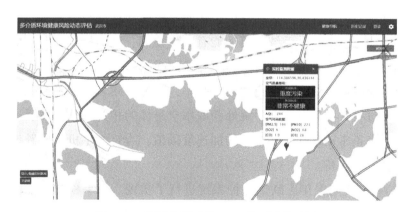

图 3.33 环境监测功能 Web 端可视化地图

3.6 小结展望

3.6.1 小结

本研究是基于物联网的老年人跌倒监护系统，该系统采用三层架构体系，第一层为传感器层，主要用于采集用户身体相关的生理数据并传输到智能手机层；第二层为智能手机层，用于汇集传感器层的数据，并使用跌倒监测算法判断用户是否跌倒，当系统判定用户跌倒后会快速定位到用户当前的位置并进行呼救，该层还实现了心率测量、蓝牙搜索以及用户信息修改等功能；第三层为远程服务器层，用于接收、存储用户的相关数据，并为久坐提醒等功能提供数据支持。本系统最终实现了对老年人日常生活状态的监护，在用户发生跌倒时系统能够进行定位并自动呼救。本研究的主体内容分为三部分：

（1）查阅大量相关文献，了解跌倒监测在国内外的研究现状，发现不仅仅国内存在人口老龄化问题，在其他国家这类问题甚至比国内更加严重。这些关于老龄化的研究给作者提供了很好的借鉴。

（2）本研究对老年人跌倒监护系统进行设计。首先是跌倒监护系统的架构设计，系统总体分为传感器层、智能手机层和远程服务器层。然后是对系统功能进行设计，系统主要功能有心率检测、跌倒检测、定位以及呼救，其中心率检测采用的是光电容积脉搏波描记法，该方法根据心脏周期性搏动引起的血管透光率变化计算出心率；跌倒检测采用的是穿戴式检测方法，通过将传感器佩戴在手腕处获取用户身体的相关数据，然后通过大量实验得出正常动作与跌倒动作的加速度阈值，为智能手机层的跌倒检测算法提供数据支持。

（3）在研究对老年人跌倒监护系统进行了实现。心率检测功能的实现是先筛选出可靠的心率传感器，然后在智能手机层进行应用程序编码，两者相结合能够很好地把用户的心率数据检测并保存。将本系统的心率检测功能与市面上产品进行对比测试，发现两者的测试结果基本一致，能够满足用户检测心率的要求。跌倒检测先对所用的六轴陀螺仪做简单介绍，然后根据实验得出的阈值对智能手机层的跌倒检测算法进行编写，最后对跌倒检测算法进行了测试，准确度为97%，说明该算法能够很好地区别出正常动作与跌倒动作。综合监护功能的实现依赖于服务器，其中久坐提醒能够提醒用户在久坐后离开座位放松，环境监测能够帮助用户了解空气是否出现污染。

3.6.2 展望

虽然本研究设计的老年人跌倒监护系统能够进行使用，但由于个人开发经验不足以及技术不精等原因，系统仍有待优化之处，后续工作主要有以下 7 个重点：

(1) 各个传感器的一体化设计还有待进一步完善，目前各个传感器虽然通过 STM32 微控制器联系在一起，但体积还是过大。

(2) 目前智能手机层还只是提供了几个核心的功能，如心率的测量和显示、跌倒监测、用户信息的修改等，这略显单薄，还需要添加更多的实用功能如显示体温、血压等。

(3) 目前整个系统虽然能够正常运行，但是智能手机层的 UI 界面设计还是不够美观，人性化程度有待进一步提升。

(4) 目前本系统还没有考虑系统的整体功耗问题，特别是对于传感器层。考虑到各个传感器目前发送数据的频率相对较高，功耗自然也就较高，后期还需要对此进行进一步的调整优化。

(5) 本系统目前所使用的服务器与数据库均为小型平台，在用户数量少的时候能够满足性能需求，一旦用户数量较多，就需要考虑更换性能更强的服务器及数据库。

(6) 无线传感器网络协议的规范化。本研究目前所采用的无线传感器网络是通过一种非标准的无线通讯技术实现的，节点之间的数据传输格式是作者在系统初级阶段设计的，能满足简单场合下的使用，但是要使得系统真正实用化，走向市场，那么传感器网络的传输格式还必须进行进一步的精细化设计，使其能满足各种应用场合的要求，并且能简单方便地进行扩展。

(7) 在"物联网+"的时代，系统需要保证用户的个人信息安全。系统中用户信息采用的是 MD5 加密并存储于云端，这存在泄露的风险，后期应考虑加强数据的安全防护并采用更加有效的加密方式。

199

参考文献

[1]郑文春．老年社会的"问题思维"与"价值导向"[J]．花炮科技与市场，2018，4：107．

[2]黄碧航，张士靖，邹立君，等．基于美国健康素养(Health Literacy Tool Shed)数据库的健康素养量表分析[J]．中华医学图书情报杂志，2018，27(8)：38-42．

[3]周毅恒，梅丹，陈杨．2009—2013 年大连市跌倒伤害流行特征分析[J]．中国健康教育，2015，31(8)：753-755+762．

[4]秦晓华．一种老年人移动健康监护系统的研究[D]．北京：清华大学，2010．

[5]任宜东．基于 Android 平台的人体运动识别技术研究与应用[D]．四川：西南交通大学，2016．

[6]张自达．基于 STM32 的多功能智能健康手表设计[D]．宁夏：宁夏大学，2018．

[7]黄小斌．健康平台医生版 Android 客户端软件的设计与实现[D]．南昌大学，2016．

[8]王晴．便携式老年人健康监护系统的设计与实现[D]．云南：昆明理工大学，2016．

[9]穆峥，戚伟．便携式人体健康状况监控系统设计[J]．信息通信，2016：154-155．

[10]郑清兰，陈寿坤．基于 Android 的跌倒测试仪的设计与实现[J]．山东理工大学学报(自然科学版)，2018，32(6)：29-33．

[11]李美惠．Android 跌倒检测系统的实现[J]．电子设计工程，2016，24(17)：51-54．

[12]石婷，贺志楠，姜宁，等．基于 Android 平台的老人摔倒检测系统设计[J]．电子科技，2014，27(9)：82．

［13］赵小涛．基于 SSM 框架的铁路技术规章管理系统的设计与实现［D］.
　　　北京：北京交通大学，2018.

［14］孙晓雯．基于传感器的人体跌倒检测算法研究［D］.江苏：江南大
　　　学，2016.

［15］董学诚．中老年人智能生活助手 App 的设计与实现［D］.内蒙古：内
　　　蒙古大学，2016.

［16］曾绳涛．基于物联网的远程移动医疗监护系统的设计与实现［D］.广
　　　东：广东工业大学，2014.

［17］丁鹭．基于蓝牙低功耗传输的智能腕带设计［D］.江苏：杭州电子科
　　　技大学，2015.

［18］李珍华．具有运动管理功能的智能穿戴设备设计与实现［J］.微处理
　　　机，2017，2.

［19］唐远洋．基于智能手机流量与传感器数据的用户基础属性研究［D］.
　　　四川：电子科技大学，2016.

［20］李广田．基于 STM32 的家电智能监控系统的设计与研究［D］.西安：
　　　西安建筑科技大学，2017.

［21］李俊．基于互联网+的凝结水回收监控系统的研究与实现［D］.西安：
　　　西安科技大学，2017.

［22］黄俊礼．基于 STM32 单片机的智能家居无线通信系统的设计与实现
　　　［D］.广东：华南理工大学，2017.

［23］丁鹭．基于蓝牙低功耗传输的智能腕带设计［D］.江苏：杭州电子科
　　　技大学，2015.

［24］毛立昱．基于手机的跌倒监测系统设计与实现［D］.四川：电子科技
　　　大学，2014.

［25］陈波．基于手机的老人跌倒监护终端软件设计与实现［D］.江苏：东
　　　南大学，2016.

［26］章攀．基于智能手机的老人跌倒监护系统设计［D］.重庆：重庆大
　　　学，2016.

［27］朱承皓. 基于可穿戴传感器的远程健康监护技术研究［D］. 南京: 南京邮电大学, 2015.

［28］张自达. 基于 STM32 的多功能智能健康手表设计［D］. 宁夏: 宁夏大学, 2018.

［29］Hwang J. Y. , Kang J. M. , Jang Y. W. , et al. Development of novel algorithm and real-time monitoring ambulatory system using Bluetooth module for fall detection in the elderly［C］. International Conference of the IEEE Engineering in Medicine & Biology Society. The IEEE Engineering in Medicine and Biology Society, 2005.

［30］Yu X. Approaches and principles of fall detection for elderly and patient ［C］. International Conference on E-health Networking. IEEE, 2008.

［31］Cucchiara R. , Prati A. , Vezzani R. A multi - camera vision system for fall detection and alarm generation［J］. Expert Systems, 2010, 24（5）: 334-345.

［32］Abbate S. , Avvenuti M. , Bonatesta F. , et al. A smartphone-based fall detection system［J］. Pervasive & Mobile Computing, 2012, 8（6）: 883-899.

［33］Kangas M. , Konttila A. , Winblad I. , et al. Determination of simple thresholds for accelerometry-based parameters for fall detection ［C］. International Conference of the IEEE Engineering in Medicine & Biology Society. The IEEE Engineering in Medicine and Biology Society, 2007.

［34］Igual R. , Medrano C. , Plaza I. Challenges, issues and trends in fall detection systems［J］. Biomedical Engineering Online, 2013, 12（1）: 66-66.

［35］Mubashir M, Shao L, Seed L. A survey on fall detection: Principles and approaches［J］. Neurocomputing, 2013, 100（JAN. 16）: 144-152.

［36］Silva M. , Teixeira P. M. , Abrantes F. , et al. Design and Evaluation of a Fall Detection Algorithm on Mobile Phone Platform［J］. Ambient Media and Systems, 2011, 70: 28-35.

[37] Koshmak G. A. , Linden M. , Loutfi A. Evaluation of the android-based fall detection system with physiological data monitoring [C]. Engineering in Medicine & Biology Society. IEEE, 2013.

[38] Mastorakis G. , Makris D. Fall detection system using Kinect's infrared sensor [J]. Journal of Real-Time Image Processing, 2014, 9 (4): 635-646.

[39] Sie M. R. , Lo S. C. The design of a smartphone-based fall detection system [C]. IEEE International Conference on Networking, Sensing and Control. IEEE, 2015.

[40] Luque R. , Casilari E. , Morón M. J. , et al. Comparison and Characterization of Android-Based Fall Detection Systems [J]. Sensors, 2014, 14 (10): 18543-18574.

第4章　基于 LBS 的可视化智能环境
健康系统研究

4.1　研究背景与意义

4.1.1　研究背景

目前，我国经济发展迅速，工业化水平不断攀升，但随着生态资源的利用和污染物的排放，环境健康领域的问题也日益突出。由于工业废水、生活污水的逐渐积累，其总量已经超过生态环境的环境容量，导致空气质量下降、大范围的土壤和水资源被污染。生态破坏和环境污染问题的加剧直接影响到了人们的生活，据统计，近20年来，重大、特大环境事故呈频发态势，环境群体性事件数量明显上涨[1]，其中以危险化学品和重金属等为核心污染物的环境污染事件尤为显著。与此同时，十九大报告提出："中国特色社会主义进入新时代，我国社会主要矛盾已经转化为人民日益增长的美好生活需要和不平衡不充分的发展之间的矛盾"[2]。

近年来，人民生活水平与国家经济水平都迅速增长，然而环境却出现了恶化，因此人们开始对国家环境状况投入更多的关注，"环境风险"的概念也被重点提出，人们急需了解日常生活环境中存在的风险及影响。同时，居民家庭的恩格尔系数也呈下降趋势[3]，我国城镇居民也更加倾向于为健康的生活方式投入精力和财力，许多人开始主动地去了解、关注健康问题，并自愿承担相关花费，医疗卫生与"大健康"产业逐渐从"被动医疗"

转向强调"主动健康"，国内健康相关产业得以飞速发展，如图 4.1 所示，近几年我国"大健康"产业的规模也在不断地增长[4]。在上述背景下，一个能为公众提供周围环境质量信息并能够智能管理个人健康数据的平台将具有重要的社会意义和不可估量的市场前景。

图 4.1　2011—2016 年我国大健康产业规模

面对上述机遇，基于 LBS 的可视化智能健康风险管理系统做出了针对性的分析与设计。一方面，该系统可以用可视化的方式展示丰富的环境数据，使人们能够实时了解到全国各地大气、土壤和水环境质量的各项指标，同时系统还提供环境健康风险指数以供参考，并智能计算步行、跑步的健康路线，为用户规划最健康的出行线路；另一方面，该系统可以集成各类气象、环境污染的 API 接口及 IoT 传感器监测设备，并通过移动端应用程序采集个体用户的出行位置信息从而提供多样化的健康管理模块及解决方案，力求成为有着精准定位、量化需求、全方位定制特点的多介质环境主动健康智能系统。

4.1.2　研究意义

自十八大以来，我国对生态环境保护的重视程度和对环境污染问题的监管力度逐渐增强，近年来更是对环境健康和民众健康问题予以了高度重视，2016 年中共中央、国务院印发的《"健康中国 2030"规划纲要》彰显了国家对健康问题的重视和强调。国家对企业公益的要求也日益严格，我国在 2014 年修订并在 2015 年实施了《中华人民共和国环境保护法》后，国家查处了一大批排放不合格工业污水、未做废气处理的企业，严厉打击闲置处理机器而不使用的欺瞒行为，实现对不合格企业的零容忍。在国家相关环保会议上，"公众参与解决环境问题"这一概念被反复提出并得到认可[5]，这表示国家将大力支持民众对周围环境进行监管并反馈给相关部门，完成"民众监察-结果反馈-共同处理"这一流程，加快环境问题的解决。

此外，我国的主要社会矛盾已经发生深刻转变，人民对美好的环境、健康的生活的需要与工业化发展的道路间也存在着一定的矛盾。总之，国家对生态环境保护、人民健康生活等问题的重视程度将继续加强，现阶段的社会矛盾也要求居民对环境问题作出反应，为本系统中可以扩展集成的健康监测提供了政策上的合理性和支持。

在经济飞速增长和老龄化社会的共同影响下，年轻一代面临很大的压力，特别是就业压力逐渐增大，而上班族休息时间紧缺和对身体健康需求之间的矛盾也随之加深，迫使他们寻求更快、更便捷的健康管理方式。2013 年至今，我国网络化医疗健康产品，尤其是移动医疗健康服务的市场规模逐年上涨（如图 4.2）[6]。

同时，中国东部地区人口密度大、企业和工厂众多、人类活动密集、多介质环境复杂，人们迫切地需要知道日常生活所处的环境是否安全健康，日常行走的路线是否存在环境健康隐患。

目前我国国内以计算机科学技术、数据技术、移动通信技术等为代表的各种新型技术迅速发展，为智能健康风险管理平台实现提供了坚实的基础。LBS 技术已经从最开始的简单电子地图向基于位置的数据计算、电子商务、路线服务等方向多维发展，物联网技术、大数据技术也已经从最开始的简单数据单向传输和处理发展为今天的智能数据双向传输和复杂数据计算[7]，而无线技术的发展使基于云端后台主机的数据服务系统的响应速度大大加快，也使高效快速的数据收集成为可能。人类社会发展进入了新的大数据时代，各种数据分析技术、可视化技术和基于 GIS 系统与 LBS 服

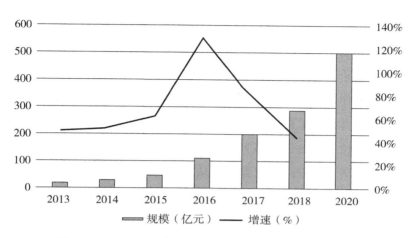

图 4.2　2013—2020 年移动医疗健康市场规模、增速预测

务的系统构建方法层出不穷[8]，这就为本系统进行智能化分析提供了参考。

　　不过，在国内现有的环境监测系统中，监测站之间距离较远，城市中监测点的覆盖范围和精度严重不足，环境数据误差较大[9]；另外，目前数据大多是直观的、未经处理分析的原始参数，针对多介质环境的个人健康风险评估还没有形成完整体系。本研究尝试借助现有的 LBS 技术、Java Web 技术、Python 数据处理技术和环境科学中的一些算法模型进行创新，分析动态多介质环境中的健康风险指数，通过各种类型的环境或生物传感器检测区域环境中受人们关注的参数，以期为生活在不同环境中的市民们提供科学且有针对性的健康生活方案。

4.2　国内外研究现状

　　基于定位技术的移动应用可以实时获取用户的位置信息，并即时推送相关内容，满足用户在特定的时间及地点获取相关资讯的需要。LBS 是一种基于用户移动终端定位而提供服务的技术，它支持通过卫星定位、无线通信网络定位(移动通信基站、IP 定位等)来获取移动终端用户的位置信息,在 GIS 等平台和云端弹性计算等技术的支持下,为用户提供电子商务、交通出行等服务。国内目前基于 LBS 技术的系统研究主要集中在生活服务、社交和电子商务等领域。罗玮祥等人对 LBS 技术在传统餐饮、交通、运输等行业的作用,结合视频云服务、电子地图数据服务、Android 平台等进行了研究,并提出了相应的系统设计方案[10]。

　　基于空间位置 LBS 的一系列技术在我国现阶段的生态环境资源管理等方面有着广泛的应用空间。富野等人从"互联网+"、医疗健康等角度深入研究了健康卫生大数据与现代化物联网系统、智能数据算法结合的新型健康系统平台[11]。

　　基于 LBS 的可视化环境健康系统期望通过以 LBS 电子地图、在线可视化图表等为主的计算机科学技术手段结合环境科学中的环境健康风险评估相关算法以及电子商务、管理学科的方法论,用可视化的形式展示城镇居民生活环境中的污染状况,并实时评估人们面临的健康风险。因而除 LBS 技术外,基于云端弹性计算平台的 Web 开发技术、基于特定系统虚拟化容器技术的平台、可实现网站服务器反向代理与负载均衡的服务器以及基于环境科学理论的环境健康风险评估算法模型也在本研究中起到关键作用。田寿全等人对基于 Java 语言的 MVC 模式服务器端 Web 框架 JFinal 进行了研究,并在其基础上尝试构建了地理空间信息管理系统[12];李飞等人研究了基于土壤重金属等污染物的环境健康风险评估算法[25];Tsega 等人研究了 Django 开发框架及 GeoDjano 空间地理框架在 LBS 相关系统中进行数据库建模、空间数据存储等问题[27]。本研究将在这些研究的基础上进一步拓展 LBS 技术下环境健康系统的设计与实现。

4.3　研究思路和主要工作

　　本系统开发实现的主要思路为:建立并优化基于云端计算的多介质人体环境健康风险的评估算法和体系,使用先进的爬虫技术和 API 接口调用程序，结合扩展的 IoT 环境污染、人体健康监测传感器实现环境健康数据的采集，并优化服务器数据存储和分析架构，从而将环境评价、健康评估和预测的结果以更多样化且更贴合不同受众群体的方式加以应用。本系统主要的技术框架如图 4.3 所示。

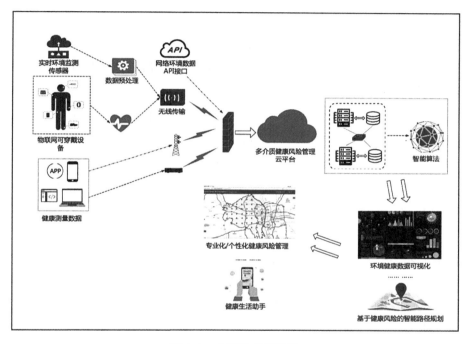

图 4.3　主要技术框架图

本研究主要对系统的前后端、软硬件分离子系统的底层技术框架、技术开发路线和主要功能模块、各类接口及其参数、软件开发工具、程序依赖库等进行了详细的设计。其中，基于 LBS 的可视化智能环境健康系统的主体部分为一个以 Java、Python 为主要程序语言，以 JFinal、GeoDjango、Django REST Framework 为主要开发框架的 Web 端软件系统。该系统采用 Docker 容器为基础的底层架构，通过以 Docker 模块为载体的 Nginx 负载均衡反向代理服务器、Nginx SSL 协同组件和 Lets' Encrypt TLS 数字证书实现了系统在底层架构上的模块化开发，并确保其数据传输的安全。本系统的前端 UI 界面设计采用模块化、"材料化"的 Material Design 界面风格，通过开源的响应式前端框架 Materialize 加以实现，主要使用了 jQuery、异步 JavaScript 和 XML 等 HTML5 开发技术。系统的服务端业务逻辑部分采用基于 Java EE、Servlet 和 JSP 技术的 JFinal 极速开发框架，数据处理部分采用基于 Python3. 6 的 GeoDjango、DRF 框架，并集成了 requests、numpy、pandas、pyecharts 等数据处理及可视化的工具。本系统的目标是通过调用和抓取多种途径的环境健康数据，利用 LBS 地理信息技术构建以环境污染、人体健康数据为主的云端数据库，因此需要将一个移动端 Android App 以及一套 IoT 环境污染监测传感器作为系统的扩展组件用以辅助数据采集，同时还需要为接入其他软硬件设备提供通用型接口和定制化 Web Crawler 程序。系统通过基于 LBS 技术的地理 GIS 组件、环境科学相关算法为用户提供了环境污染情况可视化显示、多介质环境健康风险评估、健康导航和健康出行路线规划等功能。

4.4　智能环境健康系统的实现技术

4.4.1　基于 Docker 容器的模块虚拟化技术

Docker 是一个基于 Apache 2.0 等协议的开源的应用容器引擎，它可以用来创建建构于操作系统上层的虚拟化系统容器(container)，应用程序的开发人员可以将应用及其依赖项打包置于容器中运行，此时各个容器内的应用处于相互隔离的开发和生产环境中[13]。以 Linux 系统为例，不同于传统的系统虚拟化技术需要在每个虚拟环境内安装完整的计算机操作系统，Docker 所创建的虚拟环境和容器是建构在操作系统及其内核程序之上的，它可以灵活运用 Linux 内核的控制组技术对各个应用服务运行时的环境进行隔离，使各个容器的运行环境相互独立。Docker 在 Linux 操作系统中创建容器的基础上，通过进一步的封装，使用户对容器的创建、管理、删除等操作变得更加简单[22]。因此，使用 Docker 技术符合本系统方便、快捷地进行 Web 应用开发的设计初衷。

利用 Docker 容器，本系统可以快速、批量地为常用的 Web 应用创建虚拟环境。在实际构建容器的过程中，既可以通过编写 Dockerfile 环境配置文件来自行创建一个 Docker 容器并完整构建整个开发环境，也可以使用 Docker Hub 社区中其他开发者已经封装好拿来共享的镜像（Image）。

以构建本系统中基于 LBS 的 Java Web 网站项目为例，通过执行"docker search[Application]"命令来获取 Docker Hub 中的 Apache Tomcat、httpd、nginx-proxy 等镜像，然后使用"docker pull"命令载入其中某一镜像，最后通过"docker run"命令创建一个新的容器并在其中运行该镜像所构建的应用程序。通过为 Web 网站所需的全部应用（如 MySQL/SQL Server 数据库、Apache Tomcat 服务器或 PHP 等）分别创建独立的虚拟容器环境，便可对它们单独进行配置和修改，一个容器内的环境发生变化或应用程序代码及功能出现改动并不会影响其他容器的正常运行。

Nginx 是一个以 2-clause BSD 协议开源的轻量级 HTTP 服务器和负载均衡服务器，它可以用于支持数万个并发连接的负载均衡、反向代理、邮件代理和 HTTP 缓存响应[14]。如果在同一台服务器上通过不同的 Docker 容器构建了多个不同的 Web 应用（如同时搭建了一个 WordPress 博客和一个运行在 Apache Tomcat 服务器上的电子商务网站），则需要通过同个一级域名对应的不同二级域名来分别访问这些应用。为了实现外部网络通过相同 IP 地址的不同端口，或相同一级域名不同二级域名访问不同 Docker 容器内的应用，需要使用 Nginx 作为反向代理的服务模块（该 Nginx 同样置于单独的 Docker 容器内）。

4.4.1.1　基于 Docker 容器的 Nginx 配置

想要通过 Nginx 将外部访问不同二级域名的请求转发至相应的 Docker 容器，其前提是各个 Docker 容器与宿主服务器之间存在端口映射。因此在创建 Docker 容器来存放各个 Web 应用并提供它们所需要的资源时，需要

附加如下参数命令实现端口映射(以容器的 1111 端口映射到主机的 1000 端口为例):

```
docker run -p 1000：1111 web-app
```

在为各个容器建立端口映射后,只需要创建 Nginx 专用的 Docker 容器,并将其 80 端口映射至主机的 80 端口就可接收来自 HTTP 协议的访问流量,然后设置 Nginx 的配置文件,即可将请求访问不同二级域名的流量转发至相应的 Docker 容器中。Nginx 的核心部分 config 文件可写为:

```
server{
    listen 80；
server_name kritnerwebsite；
return 301 https：// $host $request_uri；
}
include/config/nginx/proxy-confs/ * . subdomain. conf；
proxy_cache_path cache/keys_zone-auth_cache：10m；
```

4.4.1.2 Nginx 对 Web 应用安全性的提升

如上文所述,Nginx 服务器软件量级较轻但功能丰富、结构灵活,它可以通过反向代理、负载均衡和流量控制的方式降低 DDoS 等攻击手段对 Web 应用服务稳定性的影响。具体而言,Nginx 在捕获所有外部访问流量后,可依照管理员给定的配置通过限制请求频率、限制连接数量、关闭慢连接、设置 IP 黑名单等方式对这些流量进行筛选和过滤,从而抵御 DDoS 等的攻击[15]。另外,若将 Nginx 模块置于单独的服务器中作为独立的反向代理服务器使用,则可以避免暴露 Web 应用所对应的物理服务器的实际 IP 地址,从而起到进一步的保护作用[16]。

4.4.2 JFinal 与 Django 技术框架的使用

JFinal 是一种封装 Servlet、JDBC 技术的 J2EE 微内核开源快速开发框架。其微内核和轻量级的框架体系设计有助于本研究进行计算机健康系统的模块化设计、快速开发和前后端多个外部模块、软硬件部分的低耦合模块化集成。JFinal框架提供了基于Apache Maven的jar包管理与项目构建功能，同时支持Jetty Java HTTP服务器，也可以用于标准化Servlet容器下的Web服务开发，其针对Apache Tomcat环境下的热部署、热更新所做的专门优化有助于本系统在测试环境下进行JIT调试与代码更新，而结合Git版本的控制工具可实现本系统设计中的模块化更新和生产环境下的不停服更新。

由于本系统需要对结构复杂的地理、环境等数据进行存取及运算，而Java语言的显式类型声明、静态变量定义、完全面向对象等特性并不能很好地适应本系统的迭代和数据处理要求。因此，本系统还结合使用了基于Python 3.6的Django Web框架。Django是一种开源的Web开发框架，它使用Python作为开发语言，Python、C++作为底层语言，并且基于MVT架构设计模式其突出的组建、中间件可插拔、可重用的特性及敏捷开发、DRY设计原则对本系统的数据字典、简单爬虫及REST API接口设计十分有用。另外，Django框架可结合Django REST Framework等工具提供轻便的模型序列化、表单验证、模板引擎调用和用户层数据缓存等功能，这对于本系统所设计的UI接口和后台处理模式有重要的意义。

本系统涉及LBS相关的地理信息数据、GIS空间位置数据的存取和计算，因此采用基于Django框架的衍生地理Web框架GeoDjango来处理坐标位置、导航路线、空间折线曲线等LBS相关的数据。GeoDjango是包含于Django中的contrib模块，它提供了可用于存取OGC几何与栅格数据的ORM模型，并通过中间件与数据库组件的形式与MySQL、PostgreSQL等数据库进行交互，同时它还可以通过松散耦合的高级Python接口对LBS几何数据、栅格化数据等进行操作[23]。

在本研究的LBS可视化智能环境健康系统中，JFinal框架作为基础开发框架承担了传统Web后台业务逻辑和前端交互逻辑部分的开发适配，而GeoDjango Web框架则侧重于实现数据存取、数据库管理、数据接口开发和模型算法开发等功能。

4.4.3　环境污染数据接口和物联网集成技术的使用

城镇范围的环境污染数据采集涉及地理信息技术和环境科学相关的标准化数据整合与处理，本系统通过 Python Beautiful Soup、Scrapy 等爬虫框架和 Requests 等网络通信框架，对开放的气象、环境数据接口进行轮询请求并用爬虫程序自主抓取相关数据，这些数据来自 Amap 开放平台、阿里云 API 库、PM25.in、彩云天气、生态环境部的 API 接口和数据仓库，并通过一定的调用策略进行相互整合与补充。

另外，本系统同时以 REST API 接口和专用 MongoDB 数据库的形式接入了作者前期主持的研究项目中自研发的 IoT 空气环境监测传感器监测数据（并通过 Inverse Distance Weighting Interpretation 算法将其用于离散区域内任意坐标点上数据的插值预测），以弥补我国空气质量国控采样点数量和精度的不足。同时，本系统的部分城镇地图模块中，同样加入了研究团队先期科研项目中采用的定点定期土壤重金属等污染物的采样数据。

4.4.4　LBS 技术的使用

LBS 即基于位置的服务（Location Based Service），是在移动网络条件下，基于卫星定位系统（GPS、北斗卫星定位系统等）、Cell-ID、Wi-Fi 等不同精度的移动终端定位技术，通过移动终端、云端服务器和无线通信网络技术，结合 GIS（地理信息系统）和互联网上的软件服务算法及接口，为终端用户提供一系列以地理坐标定位信息和周边位置信息为基础的服务[17]。

基于 LBS 技术的可视化智能环境健康系统在业务逻辑层、用户接口层、移动应用层等多个层级的设计中接入了 LBS 技术。其中，城镇环境污染地图、多介质环境健康风险可视化地图中集成了 AMap 的 LBS 地图组件，并使用高德地图云图、Map Lab 等服务实现自有位置数据存储管理和实时渲染；系统的健康导航模块则集成了 Google Maps Direction、高德 LBS、百度 LBS 服务，并通过 Google Encoded Polyline Algorithm 算法进行导航路径的压缩传输、解码渲染，从而实现低延迟状态下的最优路径规划；在健康跑步路线规划模块中，系统结合移动网络条件下的 LBS multi-source 定位技术和 POI(Points of Interest)选点、路网搜索与算法拼接等方法[24]，实现运动线路优化等功能。同时在本系统的扩展部分，IoT 物联网环境监测设备与其唯一经纬度坐标点绑定上传数据，这些数据也被用于环境健康风险评价 HealthRisk 算法的实时更新计算；移动端 App 的 Android SDK 被用于辅助获取用户的出行路线和实时位置，并据此为用户提供所在地周围的环境健康风险情况，同时还会根据从 GIS 模块中调取的用地类型信息以及从气象模块中调取的温湿度、风向风速、云层厚度等信息提供健康生活的建议。

4.5 智能环境健康系统的设计与实现

4.5.1 系统的需求分析

进行基于 LBS 的可视化智能环境健康系统研究的目标是开发一个以 Java、Python 为主要程序语言，以 JFinal、Django 和 Django REST Framework 为主要开发框架，以 LBS 相关技术为基础，并以 RESTful API、Automatic Indexer 为主要数据 I/O 形式的智能可视化环境健康系统。该系统通过多种途径的数据调用和抓取构建以环境污染、人体健康数据为主的云端数据库，并通过地理 GIS、环境科学相关算法为城镇居民用户和政府、企业、社区用户提供服务，包括一定范围内高精度全覆盖的环境污染情况可视化展示、特定条件下多介质环境健康风险评估、以健康最优为目标的出行线路规划等。同时，基于 LBS 的可视化智能环境健康系统支持用户注册个人账户以管理其个人健康数据，并辅以移动端 Android App 进行 LBS 数据调用，以 RESTful API 形式数据接口，可接入自研发或第三方的环境健康、人体健康监测传感器。该系统在网络环境下可以完成用户登录注册、LBS 数据管理、环境污染地图、实时环境健康风险评价、个人生活状况评估、健康出行导航、健康跑步路线规划等功能。

4.5.1.1 需求规定

为方便用户使用本系统，用户需要注册账号。用户可以使用的功能有：

（1）登录注册

访问该平台时，如果还不是本平台的用户，那么就要先进行实名注册，用户注册后便可登录。

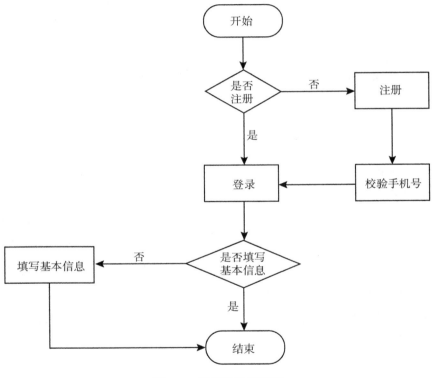

图 4.4 登录注册流程图

（2）用户个人生活状况评估

用户可以在线调取个人生活状况的环境健康评估结果。相关接口通过 service 层的 LBS 程序调用用户的每日出行定位数据，并用 IDW 算法栅格数据、执行风险评估算法做出健康风险评估，然后将结果存储并向前端响应，若定位数据不存在系统则向移动端请求最新定位并作出实时计算和记录。

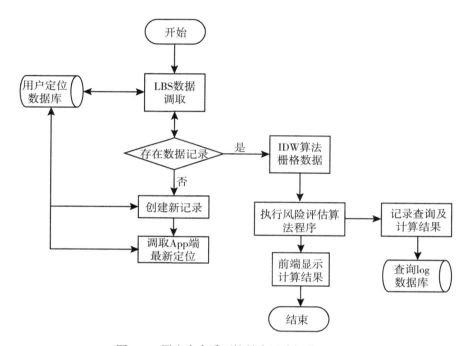

图 4.5 用户多介质环境健康风险评价流程图

（3）城镇区域环境污染状况显示

城镇居民用户和政府、企业、社区用户可以获取一定范围内的高精度、全覆盖的环境污染信息，同时系统会实时调用相关算法程序计算环境健康风险，以可视化地图形式对污染状况、风险等级进行展示。

（4）健康出行导航

本系统支持用户在 Web 端和移动端通过地图页面调用健康出行导航功能该功能会根据用户选定的出行起始坐标、目的位置结合 LBS 技术和 HealthRisk 评价模型给出健康优先、距离优先、综合最优等多条出行线路，

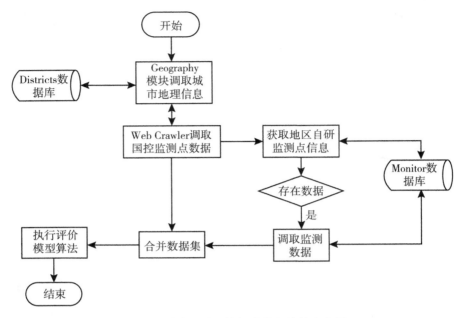

图 4.6   城市区域环境污染情况计算流程图

并通过 Google Maps Polyline Encoding 算法压缩、传输、解码、绘制地图路径，实现健康出行路线规划。

（5）健康跑步路线规划

根据 GPS/IP 定位和用户输入的跑步健身的起点、运动范围、跑步路线长度，本系统可实现以 POI 建筑、导航路网信息为基础，以环境多介质健康风险评估算法和最短路径算法为核心的健康跑步路线规划功能。系统根据用户输入的限制条件通过高德地图、Google Maps 的 LBS 服务接口检索其周围的路网信息，若存在满足条件的道路则尝试根据既定的策略拼接出符合距离要求的折返或环状跑步路线，同时将结果在应用端以地图路径的形式展示给用户。

（6）IoT 设备数据采集

本系统通过 REST API 接口进行扩展，用户可以上传自研发及第三方

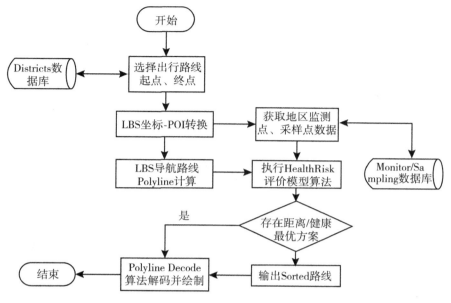

图 4.7　健康出行路线规划流程图

IoT 设备(如环境污染监测传感器等)的监测数据,并将采集到的数据应用于环境健康风险评估程序。

对于第三方 IoT 监测产品(如人体健康监测手环、智能穿戴设备等),本系统可以利用定制化爬虫程序进行接入和采集。

4.5.1.2　性能规定

(1)在服务器端接口管理员可以操作用户和 API 调用数据、传感器采集数据、算法模型输出数据,对用户权限进行管理。

(2)客户端接口即后台界面模块,可以查询用户相关健康数据、环境污染态势监测数据、算法调用输出数据,查看用户相关的 Session 存储数据、登录 Auth 数据等。

(3)用户界面采用 Material Design 的用户界面设计风格,须对用户友好,可实现模块化、低耦合及清晰、明确的数据显示和功能指引:

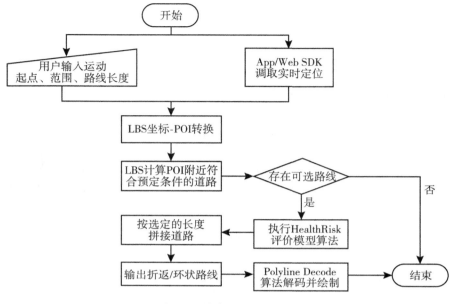

图 4.8　健康跑步路线规划

①界面应遵循 Material Design 或 Fluent Design 软件的规范；

②设计合理的用户交互过程，每一次用户交互和对话都应遵循一定的程序运行逻辑，有完整的反馈和处理；

③有合理、高效且清晰完整、富有针对性的错误、异常处理机制；

④提供信息反馈，用多种信息提示用户当前软件运行状态，软件界面元件的功能；

⑤设计良好的联机帮助，使得操作过程可逆、有一定的数据回滚机制；

⑥提供轨迹相关的内部控制，系统须以步骤引导、通知推送、消息提示、结果反馈等方式使用户知晓其操作过程和决策结果。

4.5.2　系统的体系结构设计

本系统主体为基于 Java、Python 的 Web 网站，并兼有移动端 Android

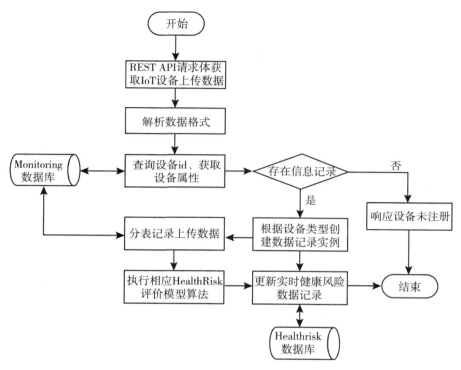

图 4.9 接口调用型 IoT 设备数据采集流程图

App、物联网集成式硬件环境健康监测传感设备等。在主体的 Web 应用部分，系统采用基于 Docker 容器技术、Nginx 反向代理技术以及 SSL 证书自动化部署应用模块的 Web 应用架构，以 Docker 技术为底层框架，通过 Nginx 反向代理技术和 SSL 数字证书自动化部署构建起加密、安全的 Web 应用。同时，系统通过对 Docker 容器技术的使用将 SSL 加密服务模块化，构建了一个可为任意 Web 服务模块快速、自由拼装 SSL 加密安全隔离层的极速开发环境。

4.5.2.1 基于 Docker 容器引擎的整体应用框架

基于 Docker 容器与自动化 SSL 证书部署的安全 Web 应用可构建在任

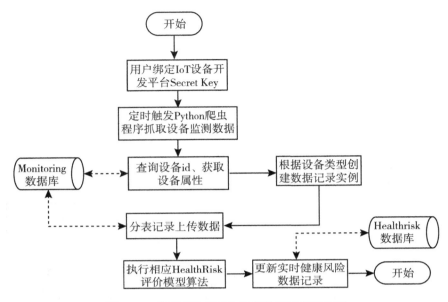

图 4.10 程序抓取型 IoT 设备数据采集流程图

意支持 Docker 容器的服务器平台之上。通过 Docker 为本系统中每一个不同的 Web 应用模块、数据库等创建虚拟容器，并通过端口映射和文件挂载的方式实现容器间、应用间的数据互通以及外部网络对容器内应用的访问。对于分布式服务器部署和单一服务器内存在多应用服务的情况，Nginx 反向代理技术和负载均衡服务可以有效解决其并发请求与响应过程中的网络负载和内容分发问题。

为了实现对任意应用数据的加密，需要在基于 Docker 平台的底层引擎架构之上，创建专门用于为其他容器提供 SSL 加密支持的容器。

本系统的整体技术框架如图 4.11 所示。

本系统后台的底层框架所需的核心技术主要包括 Docker 引擎的使用、基于 Nginx 的域名/端口反向代理、CA 证书的自动化申请与部署、SSL 协议对 Nginx 代理的支持等。

在传统的开发和运维中，各种应用需要同时部署在同一系统环境中，

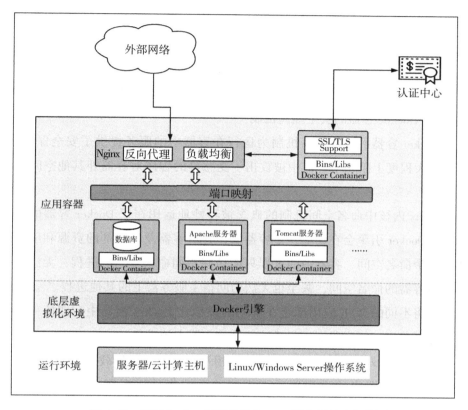

图 4.11 基于 Docker 引擎的系统 Web 端底层技术架构图

由于各类应用所需的依赖项不尽相同，有些甚至会相互冲突，因此这种开发环境不利于调试和维护，对各类应用依赖项的管理也存在较大困难。而如果采用传统的基于虚拟机的虚拟化技术，则需要为不同的应用开辟不同的虚拟系统环境，这会造成软硬件资源的极大浪费，也会因系统开销过大而给服务器造成负载上的压力。

Docker 的出现使得虚拟化容器技术，尤其是在操作系统层级进行的虚拟化容器技术出现了十分重要的变革。不同于传统的 VM 虚拟机，Docker 所实现的是内核级的容器隔离和虚拟化，各个容器中的进程共享物理主机的内核，既可以使得容器之间互相隔离，又能够避免需要虚拟出整个操作系统而造成资源的浪费。因此使用 Docker 来构建如电子商务网站等 Web 应用在性能上具有很大的优势。同时，Docker 容器的创建、复制、删除等操作可"一键完成"的特点也极大地减轻了开发的负担。

安全问题是本研究讨论的重点，使用 Docker 容器构建 Web 服务比直接将应用部署在服务器主机上更加安全，其原因主要体现在：

（1）Docker 容器的安全隔离机制

Docker 容器的种种隔离机制为运行在容器中的服务提供了安全保障，也在很大程度上阻止了容器中被攻击、受感染的程序对容器外其他空间的威胁。

Linux 内核中命名空间机制的概念被巧妙地运用在了 Docker 容器的设计中，Docker 引擎会在创建一个容器后，为该容器及其内部的资源和应用建立一个命名空间，容器内的进程只能访问相同命名空间的进程，无法访问其他容器的命名空间，甚至也无法访问宿主服务器上的其他进程[18]。因此如果将不同的 Web 应用部署在不同的虚拟化 Docker 容器中，即使一个应用受到攻击，恶意程序也很难访问其他容器中的进程。

另外，Docker 也创建了每个容器间相互隔离的文件挂载命名空间，该空间为不同容器内的进程展示了不同的系统文件树视图，因此在创建 Docker 容器时需通过命令参数的形式向容器挂载宿主服务器上的文件和目录，只有被挂载的文件和目录才能在容器内被访问和修改，这也极大地保证了容器与容器之间、容器与主机之间的隔离和安全。

（2）为 Docker 容器添加 Nginx 与 SSL 加密模块支持

Docker 容器虽然可以对容器内的进程和文件系统等进行隔离，但其自身并不能有效阻止来自宿主服务器外部的数据窃取、DDoS 攻击等威胁。数据泄露、信息篡改等网络威胁可以通过对传输的数据进行加密的方式有效避免。而对于 DDoS 等恶意攻击行为，借助 Nginx 等反向代理技术对网络流量的捕获和分发机制，可以有效过滤掉恶意的访问流量并保持 Web 应用服务的稳定性。本系统采用了前文所述的基于 Docker 的 Nginx 反向代理服务器模式，使用了 Nginx 官方版本的 Docker 镜像进行服务器部署（如图

4.12 所示)。

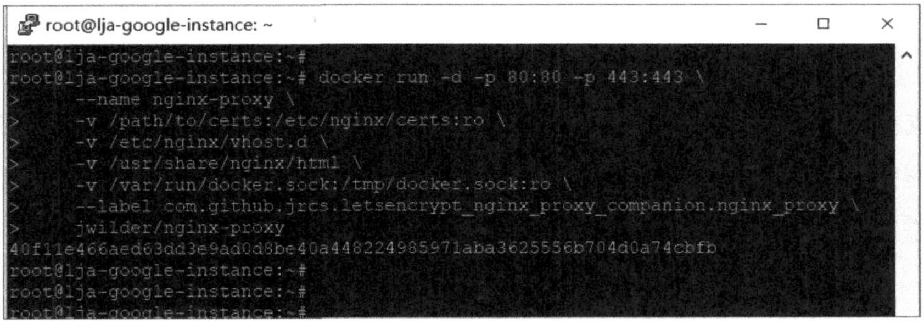

图 4.12　在 Docker 容器中创建 Nginx 服务器

4.5.2.2　SSL 证书自动化部署与 HTTPS 的使用

如前文所述,本系统后台架构在 Docker 虚拟化容器内且接受来自 Nginx 过滤后的连接请求,这样可以在很大程度上保障系统的安全和稳定。但同时,当需要在此架构中部署传输隐私信息、保密数据的 Web 应用(如通过密码登录的网站、电子商务/电子交易网站、在线即时通讯网站等)时,则需在此基础上对服务器与外部的连接进行认证和加密处理。具体如下:

(1)使用开放的 Let's Encrypt 数字证书

为了对 Web 网站进行加密,本系统使用通过 SSL/TLS 协议加密传输数据包的安全 HTTP 协议(HTTPS 协议)。因此,首先需要向数字证书认证机构(CA)申请有效的数字证书,而 Let's Encrypt CA 机构能提供仅需进行域名验证即可立即发放的数字证书。这种服务与数字证书最初用于验证网站真实性、权威性的理念不尽相同,因为它不会对证书申请者的身份做任何审核,只需要验证申请者确实持有所申请的域名即可发放证书。同时,通过 Certbot 和 SSL-Companion 可实现 Let's Encrypt 数字证书的自动化认证、获取和分发,因而可以在几分钟内完成域名的验证与证书的发放。因此,通过将 Let's Encrypt 证书获取与基于 Docker 的自动化程序相结合，本系统可以实现 Web 应用开发过程中的 SSL 证书自动化部署。

（2）为 Nginx 添加自动化的 SSL 加密支持模块

为了实现 SSL 自动化加密模块对 Nginx 的支持，首先需要为 Nginx 添加支持 SSL（HTTPS）协议的配置。由于 Nginx 反向代理服务器配置、部署在虚拟化的 Docker 容器中，修改其配置文件的步骤便可省略为在容器启动时添加配置参数：

-p 443：443-v/path/to/certs：/etc/nginx/certs

这段代码将 Nginx 的 443 端口映射至宿主服务器的 443 端口，用于接收通过 HTTPS 协议访问的流量，并将 SSL 证书目录挂载到 Nginx 的 CA 证书目录中。此时，核心部分配置文件可写为：

```
server {
 listen 80;
 server_name kritnerwebsite;
 return 301 https://$host$request_uri;
}
server {
   listen 443 ssl;
   include /config/nginx/proxy-confs/*.subfolder.conf;
   include /config/nginx/ssl.conf;
   client_max_body_size 0;
   location / {
     proxy_pass               http://app_servers;
     proxy_redirect    off;
     proxy_set_header   Host $host;
     proxy_set_header   X  -Real-IP $remote_addr;
     proxy_set_header   X  -Forwarded-For $proxy_add_x_forwarded_for;
     proxy_set_header     X-Forwarded-Host $server_name;
   }
}
include /config/nginx/proxy-confs/*.subdomain.conf;
proxy_cache_path cache/ keys_zone=auth_cache:10m;
```

与 Docker 容器中的 Nginx 部署类似，我们同样可以创建一个独立的 Docker 容器来构建自动化的 SSL 证书申请模块。使用封装好的开源模块 letsencrypt-companion 可以实现此功能。该模块可通过程序调用 Let's Encrypt 数字证书申请的 API 接口，自动为用户指定的域名申请用于 HTTPS 协议的数字证书，并可以将证书指定存放在上述目录中供 Nginx 模块调取，从而实现极简化、自动化的 SSL 证书部署与 HTTPS 加密 Web 应用的构建（如图4.13）。

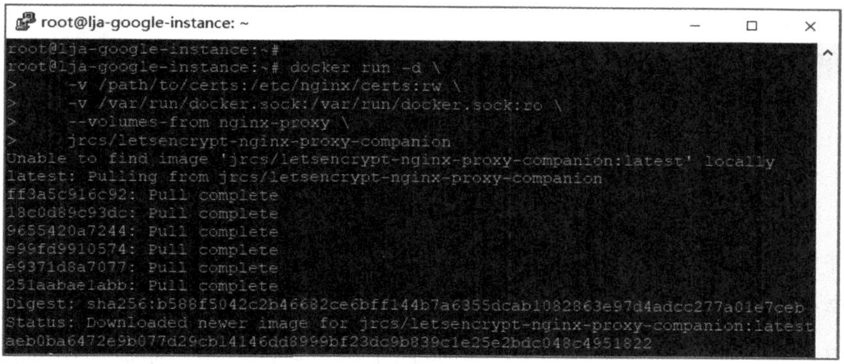

图 4.13　在 Docker 容器中创建 SSL 自动化部署模块

4.5.3　系统模块功能设计

本系统以接口方式集成智能物联网设备，对多介质环境、人体健康等数据进行采集，并通过基于 JFinal、GeoDjango 的 Web 后台计算平台对各类数据进行处理和计算，最终用可视化输出和动态风险评估、健康路径规划等功能为用户提供健康生活规划、公共健康管理、科学运动规划、疾病预防控制等服务。

结合城镇居民、政府机构、科研人员等不同用户群体的需求以及时下前沿的科学技术，综合考虑通信、LBS、物联网、云计算及数据可视化等技术的发展方向，确定系统整体的概念设计如图 4.14 所示。

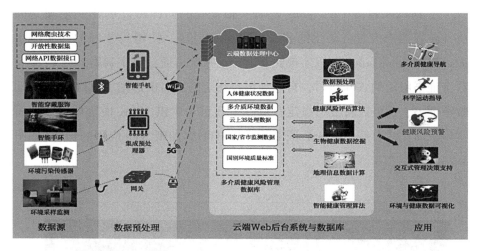

图 4.14　基于 LBS 的可视化智能环境健康系统概念设计图

本研究所设计的系统整体可分为硬件设备部分和软件平台部分，其中硬件设备主要为自主研发的环境监测传感器及人体健康智能穿戴设备，软件平台主要为基于环境、健康大数据分析的云平台，用于数据可视化展示及用户功能使用的 Web 端网站，以及用于用户数据采集、便捷使用的移动端 APP。

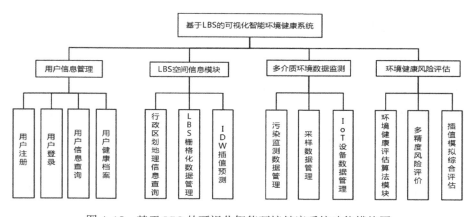

图 4.15　基于 LBS 的可视化智能环境健康系统功能模块图

4.5.3.1　对 Web 应用功能的规定

（1）用户信息管理

根据相关法律法规要求及本系统的功能需要，为使用户安全并放心地在平台存储包括个人健康数据、用户定位等在内的个人隐私信息并通过本系统内置的模型算法，使用个性化的数据信息，注册账号时，用户需要准确填写基本信息，包括用户名、密码、邮箱、可验证的手机号码、年龄、性别、地区等。

（2）个人健康档案管理

用户可以上传自己的健康数据形成个人健康档案，并可以根据最新的体检结果结果对健康数据进行修改（如图 4.16），还可从历史记录中了解自己健康状况的变化情况。本系统也加入了环境科学、生物科学的健康分析理论模型和实现程序模块，帮助用户以更科学的方式了解其健康状况的变化及潜在的疾病、健康风险。

同时，智能穿戴设备（手环等）每日监测到的人体数据也可以动态接入到健康档案管理中，并通过可视化图表显示，从而为用户的健康生活方式和环境风险最小化的健康出行提供指导。

图 4.16　Web 端个人健康档案管理

(3)多介质环境监测数据显示

系统实时从数据库调取并通过可视化图表的方式显示多介质环境监测传感器、网络 API 接口、土壤及水质等采样分析得出的环境污染数据（如图 4.17）。这些数据可用于城镇居民了解自己生活周边的环境污染状况，并可以为环境工作者、环保 NGO、政府决策部门提供数据支持。

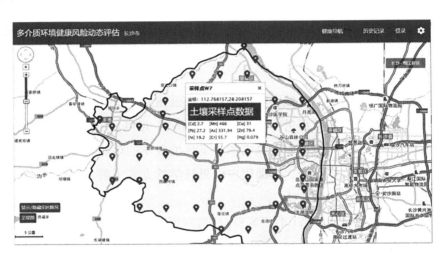

图 4.17　Web 端多介质环境监测数据页面

(4)实时多介质环境健康风险评估的可视化展示

通过云端模型计算，系统可以对任意位置的健康风险进行实时评估并在前端页面上为用户展示（如图 4.18）。通过多介质环境健康风险评估算法，系统将实时监测的环境污染数据与城镇居民用户暴露在此种多污染介质环境中的人体健康风险状况建立关联，让用户不仅可以了解周边环境污染情况，也可以对自身健康所面临的风险有直观、清晰的认识，以此帮助其进行健康的生活规划。

(5)基于环境健康风险评价的健康出行规划

系统可以根据环境污染状况、人体健康风险状况和用户自身的健康状况，为用户动态规划以健康和路程双参数为导向的出行路线（如图 4.19），

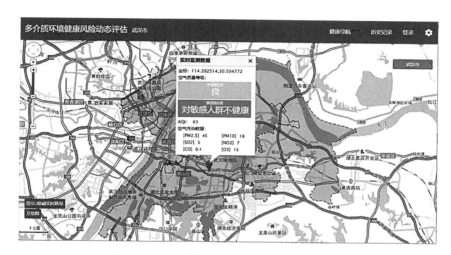

图 4.18　Web 端实时环境健康风险评估页面

并可向用户散步、跑步路线等方向拓展。

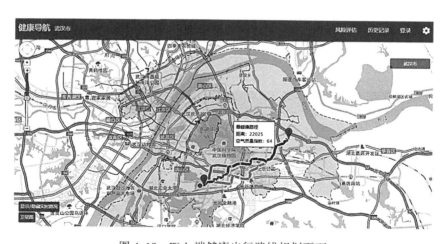

图 4.19　Web 端健康出行路线规划页面

(6)健康跑步路线规划

系统可以提供环境健康风险指数以供参考,并智能计算运动路线,为

231

用户规划最健康出行的线路。

图 4.20　Web 端健康运动路线规划页面

系统根据 GPS/IP 定位和用户输入的跑步起点、运动范围、跑步路线长度等信息，尝试根据既定的策略选择符合距离要求的折返或环状跑步路线，同时将结果在用户应用端以地图路径的形式展示(如图 4.21)。

图 4.21　折返型智能运动路线规划页面

4.5.3.2　对移动 App 功能的规定

移动端 App 作为本系统的扩展部分，其主要作用是辅助系统进行信息收集、提供移动端用户友好型、基于用户定位的动态环境健康风险评估、基于评估结果与 LBS 技术的健康出行导航等功能，其主要功能模块有：

（1）个人信息模块

个人信息模块提供用户登录、注册、个人基本信息设置等功能（如图 4.22、4.23）。其中，个人健康记录通过记录用户每天的行走路线，计算出个人的总环境污染暴露量，从而对用户提出健康生活的建议。

图 4.22　APP 端用户注册页面　　　图 4.23　APP 端个人信息管理页面

（2）用户健康状况管理模块

该模块通过可穿戴手环回传的心率、血氧、血压等健康状况的信息，实时在 APP 首页中显示相关数据（如图 4.24）。

（3）动态健康风险评估模块

图 4.24　APP 端用户健康状况管理页面

与 Web 端类似,该模块可以实现用户周边任意点位上的动态多介质环境健康风险评估,并将结果显示在页面中(如图 4.25、4.26),同时按照用户个人需求和健康状况提供智能健康风险预警等功能。

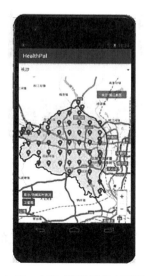

图 4.25　APP 端采样点布设示例　　图 4.26　APP 端动态健康风险评估页面

（4）健康导航模块

健康导航模块同样与 Web 端中的功能对应，是基于多介质的环境健康风险评估、个人环境污染暴露量计算等，为用户计算导航路径，生成最健康、最快捷的出行路线。用户只要搜索出行终点，点击步行健康导航，即可生成健康导航路径。

4.5.4　系统数据结构设计

4.5.4.1　E-R 图

本研究通过对 LBS 可视化智能环境健康系统的需求以及系统的层次结构、功能模块结构、系统整体与各部分架构的分析，可以将该系统总体的数据库设计以如下的 ER 关系图表示：

4.5.4.2　关系模型

这里将系统总体的 ER 图和数据库结构设计以关系模型进行表示，并根据实际情况进行了适用于数据库开发的拆分和优化，最终得到的关系模型如下：

- 用户信息表(用户编号，用户名，邮箱，地区，手机号，姓名，注册时间，性别，用户密码，生日，头像 URL)
- 健康档案表(编号，用户编号，身高，体重，体脂率，BMI，过敏源，遗传病史，风险权重)
- 用户访问权限表(id，用户编号，访问权限控制编号)
- 手机校验表(验证码编号，手机号，验证码，生成时间，生效状态)
- 用户出行定位表(定位编号，坐标，室内/外，记录时间，用户编号)
- 空气监测传感器表(记录编号，传感器编号，坐标，布设时间，备注)

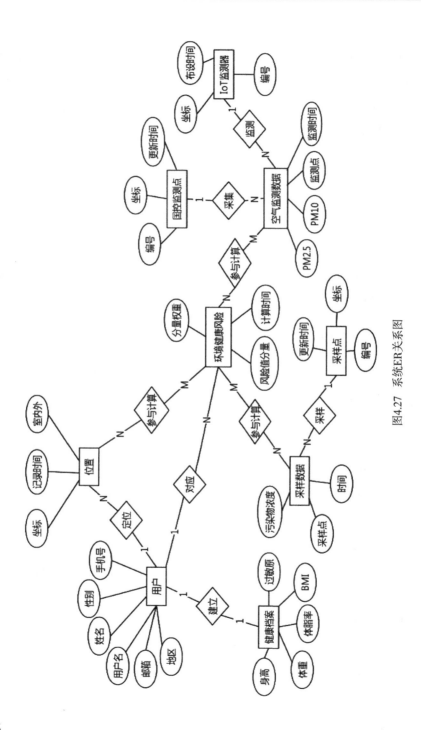

图4.27 系统ER关系图

- 空气质量监测数据表(自增编号，PM2.5，温度，湿度，甲醛，CO_2，记录时间)
- 国控空气质量监测点表(编号，监测点编码，监测点名称，城市，坐标)
- 监测点数据表(编号，监测点，记录时间，AQI，PM2.5，PM10，SO_2，NO_2，CO，O_3)
- 土壤/灰尘采样点表(编号，采样点编号，坐标)
- 采样点数据表(编号，采样点编号，数据元素类型，数据值)
- 土壤/灰尘采样点表(编号，采样点编号，坐标)
- 地理信息表(编号，行政区划名称，上级记录编号，拼音，额外记录，后缀，区号，编码，顺序梯度)
- 综合环境健康风险表(编号，风险值，记录时间，用户编号)
- 多介质环境健康风险分类数据表(编号，风险类型，风险值，算法输出时间，用户编号)
- Session 会话表(编号，session key，session data，过期时间)
- 访问权限控制表(编号，权限名称，内容分类编号，编码)
- 管理活动记录表(编号，活动时间，对象编号，flag，交换信息，内容分类编号，用户编号)

4.5.4.3 静态建模

由上述关系模型可知，系统主要实体有 user（group）、geography、healthrisk、monitoring、sampling、permissions、sessions 等。据此，系统各模块的静态模型图如下：

User group 中包含多个与用户信息和登录 Auth 校验相关的模型，如用户信息 User、用户信息基础类 AbstractUser、用户定位 UserLocation、权限验证组别 group、权限信息 permission、上下文内容组别 ContentType 等。User group 的模型类图和相应的 Python 语言描述分别如图 4.28、4.29 所示。

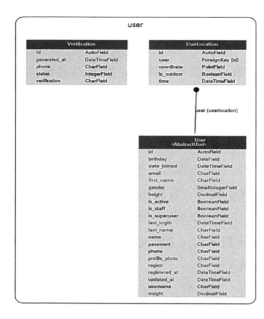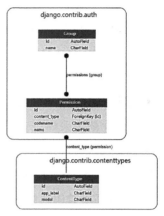

图 4.28　User 模块类图

```
class User(AbstractUser):
    username = models.CharField(unique=True, max_length=20)
    name = models.CharField(max_length=64, blank=True, null=True)
    password = models.CharField(max_length=255)
    phone = models.CharField(unique=True, max_length=50)
    email = models.CharField(unique=True, max_length=255, blank=True, null=True)
    gender = models.SmallIntegerField(blank=True, null=True)
    birthday = models.DateField(blank=True, null=True)
    height = models.DecimalField(max_digits=3, decimal_places=2, blank=True, null=True)
    weight = models.DecimalField(max_digits=3, decimal_places=2, blank=True, null=True)
    region = models.CharField(max_length=255, blank=True, null=True)
    registered_at = models.DateTimeField(auto_now_add=True)
    updated_at = models.DateTimeField(auto_now=True)
    profile_photo = models.CharField(max_length=255, blank=True, null=True)

class AbstractUser(AbstractBaseUser, PermissionsMixin):
    username = models.CharField(max_length=150, unique=True, validators=[username_validator])
    first_name = models.CharField(_('first name'), max_length=30, blank=True)
    last_name = models.CharField(_('last name'), max_length=150, blank=True)
    email = models.EmailField(_('email address'), blank=True)
    date_joined = models.DateTimeField(_('date joined'), default=timezone.now)
```

图 4.29　User 类的 Python 语言描述

系统的 Geography 模块包含了 GIS 组件和 LBS 相关算法所需的行政区划等地理信息，包括虚拟区划、直辖区划、模拟行政单位及国家统计局 12位行政区划代码及其与 3 位城乡属性划分代码、地理中心 ST_Point 经纬度等的对应关系。Geography 的 model 层为 service 层中数据的网格化、LBS 坐标-POI 转换提供了数据支持。Geography 模块的模型类图和相应的 Python语言描述分别如图 4.30、4.31 所示。

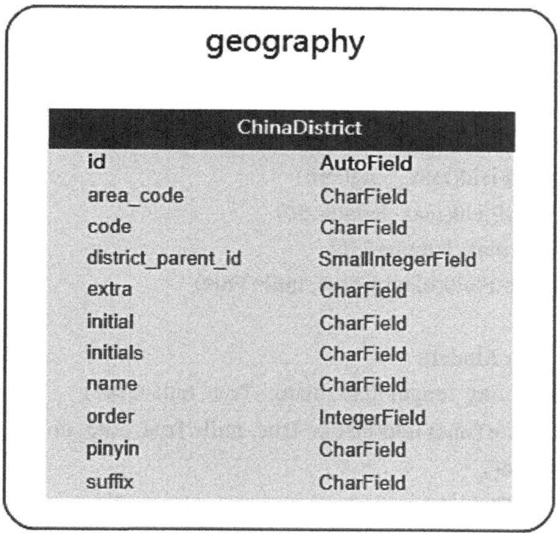

图 4.30 Geography 模块类图

HealthRisk 模块用以记录用户日均暴露量和多介质环境健康风险累加值，其中包括土壤、灰尘和空气等环境中的健康风险值和分别根据中国生态环境部制定的标准计算参数、EPA 计算参数计算的不同结果，该模块也会根据 service 层的业务逻辑记录用户个性化的需求。HealthRisk 模块的模型类图和相应的 Python 语言描述分别如图 4.32、4.33 所示。

Monitoring 模块包括 SiteAirRecord、AirSensor、AirSensorData 等多个数据监测相关 model，用以记录实时的监测数据并辅助 HealthRisk 模块的相关模型程序进行运算。Monitoring 模块的模型类图和相应的 Python 语言描述分别如图 4.34、图 4.35 所示。

```
class AirSensor(models.Model):
    sensor_no = models.CharField(unique=True, max_length=6)
    coordinate = models.PointField(blank=True, null=True)
    deployed_at = models.DateTimeField(blank=True, null=True)
    note = models.CharField(max_length=255, blank=True, null=True)


class AirSensorData(models.Model):
    sensor_no = models.ForeignKey(AirSensor, models.DO_NOTHING, db_column='sensor_no')
    pm25 = models.DecimalField(max_digits=4, decimal_places=4, blank=True, null=True)
    temperature = models.DecimalField(max_digits=3, decimal_places=3, blank=True, null=True)
    humidity = models.DecimalField(max_digits=3, decimal_places=3, blank=True, null=True)
    formaldehyde = models.DecimalField(max_digits=3, decimal_places=3, blank=True, null=True)
    co2 = models.DecimalField(max_digits=3, decimal_places=3, blank=True, null=True)
    monitored_at = models.DateTimeField(auto_now_add=True)


class ChinaAirSite(models.Model):
    site_code = models.CharField(max_length=6)
    site_name = models.CharField(max_length=50)
    city = models.CharField(max_length=270)
    coordinate = models.PointField(blank=True, null=True)


class SiteAirRecord(models.Model):
    site = models.CharField(max_length=255, blank=True, null=True)
    recorded_at = models.DateTimeField(blank=True, null=True, auto_now_add=True)
    aqi = models.IntegerField()
    pm25 = models.DecimalField(max_digits=7, decimal_places=2)
    pm10 = models.DecimalField(max_digits=7, decimal_places=2, blank=True, null=True)
    so2 = models.DecimalField(max_digits=7, decimal_places=2, blank=True, null=True)
    no2 = models.DecimalField(max_digits=7, decimal_places=2, blank=True, null=True)
    co = models.DecimalField(max_digits=7, decimal_places=2, blank=True, null=True)
```

图 4.31　Geography 类的 Python 语言描述

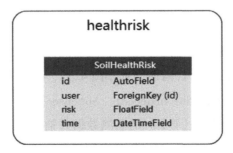

图 4.32　HealthRisk 模块类图

```
class SoilHealthRisk(models.Model):
    user = models.ForeignKey(User, models.DO_NOTHING)
    risk = models.FloatField()
    time = models.DateTimeField()
    _MetalAttributeItems = namedtuple('MetalAttributes', ['RfD_o', 'RfD_d', 'RfD_i', 'RfC'])
    _MetalAttributs = {
        'cu': _MetalAttributeItems(0.04, 0.012, 0.0402, 0.0402),
        'zn': _MetalAttributeItems(0.3, 0.06, 0.3, 0.3),
        'pb': _MetalAttributeItems(0.0035, 0.000525, 0.00352, 0.00352),
        'cd': _MetalAttributeItems(0.001, 0.000025, 0.00000255, 0.00001),
        'cr': _MetalAttributeItems(0.003, 1.5, 0.000029, 0.0001),
        'as': _MetalAttributeItems(0.0003, 0.000123, 0.000301, 0.000015),
        'hg': _MetalAttributeItems(0.0003, 0.000021, 0.0000857, 0.0003),
        'mn': _MetalAttributeItems(0.046, 0.00184, 0.0000143, 0.0000143),
        'ni': _MetalAttributeItems(0.02, 0.0054, 0.0206, 0.00009),
    }
```

图 4.33　HealthRisk 类 Python 语言描述

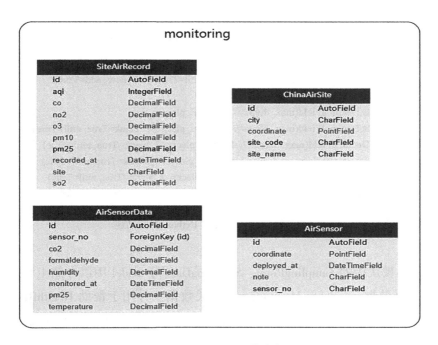

图 4.34　Monitoring 模块类图

```python
class AirSensor(models.Model):
    sensor_no = models.CharField(unique=True, max_length=6)
    coordinate = models.PointField(blank=True, null=True)
    deployed_at = models.DateTimeField(blank=True, null=True)
    note = models.CharField(max_length=255, blank=True, null=True)

class AirSensorData(models.Model):
    sensor_no = models.ForeignKey(AirSensor, models.DO_NOTHING, db_column='sensor_no')
    pm25 = models.DecimalField(max_digits=4, decimal_places=4, blank=True, null=True)
    temperature = models.DecimalField(max_digits=3, decimal_places=3, blank=True, null=True)
    humidity = models.DecimalField(max_digits=3, decimal_places=3, blank=True, null=True)
    formaldehyde = models.DecimalField(max_digits=3, decimal_places=3, blank=True, null=True)
    co2 = models.DecimalField(max_digits=3, decimal_places=3, blank=True, null=True)
    monitored_at = models.DateTimeField(auto_now_add=True)

class ChinaAirSite(models.Model):
    site_code = models.CharField(max_length=6)
    site_name = models.CharField(max_length=50)
    city = models.CharField(max_length=270)
    coordinate = models.PointField(blank=True, null=True)

class SiteAirRecord(models.Model):
    site = models.CharField(max_length=255, blank=True, null=True)
    recorded_at = models.DateTimeField(blank=True, null=True, auto_now_add=True)
    aqi = models.IntegerField()
    pm25 = models.DecimalField(max_digits=7, decimal_places=2)
    pm10 = models.DecimalField(max_digits=7, decimal_places=2, blank=True, null=True)
    so2 = models.DecimalField(max_digits=7, decimal_places=2, blank=True, null=True)
    no2 = models.DecimalField(max_digits=7, decimal_places=2, blank=True, null=True)
    co = models.DecimalField(max_digits=7, decimal_places=2, blank=True, null=True)
    o3 = models.DecimalField(max_digits=7, decimal_places=2, blank=True, null=True)
```

图 4.35　Monitoring 类的 Python 语言描述

Sampling 模块中的 SamplingPoint、SamplingData 等 model 用以存储土壤、灰尘等采样数据，它们与 Monitoring 的相关数据一并用于帮助 HealthRisk 模块的模型相关程序进行运算。Sampling 模块的模型类图和相应的 Python 语言描述分别见图 4.36、4.37。

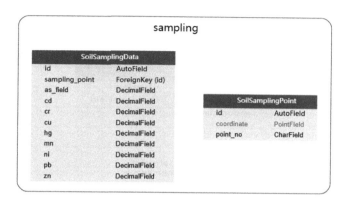

图 4.36 Sampling 模块类图

```
class SoilSamplingPoint(models.Model):
    point_no = models.CharField(max_length=4)
    coordinate = models.PointField(blank=True, null=True)

class SoilSamplingData(models.Model):
    sampling_point = models.ForeignKey(SoilSamplingPoint, models.DO_NOTHING, db_column='point_no')
    cu = models.DecimalField(db_column='cu', max_digits=5, decimal_places=2)
    zn = models.DecimalField(db_column='zn', max_digits=6, decimal_places=2)
    pb = models.DecimalField(db_column='pb', max_digits=6, decimal_places=2)
    cd = models.DecimalField(db_column='cd', max_digits=6, decimal_places=3)
    cr = models.DecimalField(db_column='cr', max_digits=7, decimal_places=3)
    as_field = models.DecimalField(db_column='as', max_digits=7, decimal_places=3)
    hg = models.DecimalField(db_column='hg', max_digits=8, decimal_places=6)
    mn = models.DecimalField(db_column='mn', max_digits=7, decimal_places=2)
    ni = models.DecimalField(db_column='ni', max_digits=5, decimal_places=2)
```

图 4.37 Sampling 类的 Python 语言描述

Session 模块的 model 用于维护用户的登录验证记录和客户端浏览器会话记录，用于实现动态登录、免验证登录等业务逻辑。本系统中的 session 存取采用 Django 和 JFinal 框架的标准设计实现。Session 相关模块的模型类图和相应的 Python 语言描述见图 4.38、4.39。

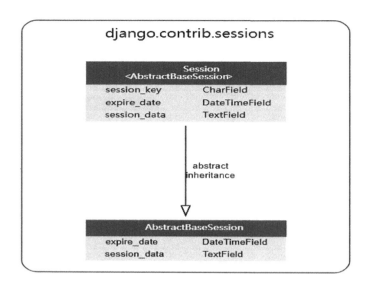

图 4. 38　Sessions 模块类图

```
class SessionManager(BaseSessionManager):
    use_in_migrations = True

class Session(AbstractBaseSession):
    objects = SessionManager()

    @classmethod
    def get_session_store_class(cls):
        from django.contrib.sessions.backends.db import SessionStore
        return SessionStore

    class Meta(AbstractBaseSession.Meta):
        db_table = 'django_session'

class BaseSessionManager(models.Manager):
    def encode(self, session_dict):
        session_store_class = self.model.get_session_store_class()
        return session_store_class().encode(session_dict)
```

```
def save(self, session_key, session_dict, expire_date):
    s = self.model(session_key, self.encode(session_dict), expire_date)
    if session_dict:
        s.save()
    else:
        s.delete()    # Clear sessions with no data.
    return s
class AbstractBaseSession(models.Model):
    session_key = models.CharField(_('session key'), max_length=40, primary_key=True)
    session_data = models.TextField(_('session data'))
    expire_date = models.DateTimeField(_('expire date'), db_index=True)

    objects = BaseSessionManager()

    class Meta:
        abstract = True
        verbose_name = _('session')
        verbose_name_plural = _('sessions')

    def __str__(self):
        return self.session_key

    @classmethod
    def get_session_store_class(cls):
        raise NotImplementedError

    def get_decoded(self):
        session_store_class = self.get_session_store_class()
        return session_store_class().decode(self.session_data)
```

图 4.39　Sessions 类的 Python 语言描述

考虑到各模块间的耦合关系，系统整体的静态类模型设计为在各个模块间使用数据表外键和多表联合查询的方式进行关联，整体的静态类模型图为：

4.5.4.4　数据实体描述

根据上述 E-R 图模型和数据库关系模型的设计，本系统各项数据的数据表如表 4.1 至表 4.17 所示。

245

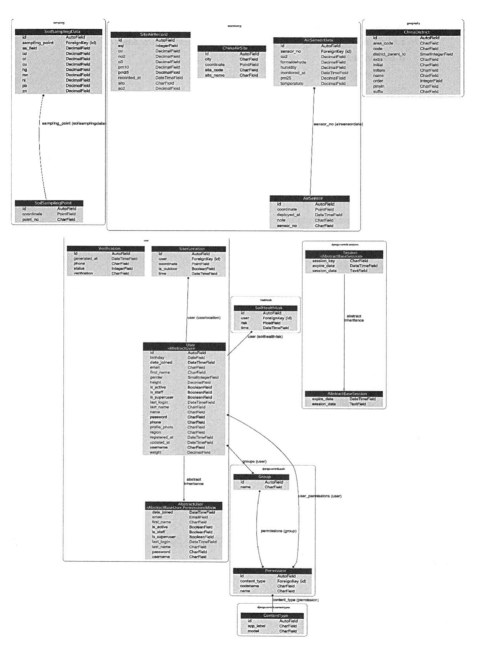

图 4.40　系统整体静态类模型图

表 4.1   **用户信息表**

字段名	数据类型	是否允许为空	PK	字段说明
id	int(11)	NO	auto_increment	
last_login	datetime(6)	YES		
is_superuser	tinyint(1)	NO		
first_name	varchar(30)	NO		
last_name	varchar(150)	NO		
is_staff	tinyint(1)	NO		
is_active	tinyint(1)	NO		
username	varchar(20)	NO		
name	varchar(64)	YES		
password	varchar(255)	NO		
phone	varchar(50)	NO		
email	varchar(255)	YES		
gender	smallint(6)	YES		
birthday	date	YES		
height	decimal(3, 2)	YES		
weight	decimal(3, 2)	YES		
region	varchar(255)	YES		
registered_at	datetime(6)	NO		
updated_at	datetime(6)	NO		
profile_photo	varchar(255)	YES		

表 4.2   **用户访问权限表**

字段名	数据类型	是否允许为空	PK	字段说明
id	int(11)	NO	auto_increment	
user_id	int(11)	NO		
permission_id	int(11)	NO		

表 4.3　　　　　　　　　　　　　　　验证校验表

字段名	数据类型	是否允许为空	PK	字段说明
id	int(11)	NO	auto_increment	
phone	varchar(50)	NO		
verification	varchar(6)	NO		
generated_at	datetime(6)	NO		
status	int(11)	NO		

表 4.4　　　　　　　　　　　　　　　用户出行定位表

字段名	数据类型	是否允许为空	PK	字段说明
id	int(11)	NO	auto_increment	
coordinate	point	NO		
is_outdoor	tinyint(1)	NO		
time	datetime(6)	NO		
user_id	int(11)	NO		

表 4.5　　　　　　　　　　　　　　　空气监测传感器表

字段名	数据类型	是否允许为空	PK	字段说明
id	int(11)	NO	auto_increment	
sensor_no	varchar(6)	NO		
coordinate	point	YES		
deployed_at	datetime(6)	YES		
note	varchar(255)	YES		

表 4.6　　　　　　　　　　　　　　　空气质量监测数据表

字段名	数据类型	是否允许为空	PK	字段说明
id	int(11)	NO	auto_increment	

字段名	数据类型	是否允许为空	PK	字段说明
pm25	decimal(4, 4)	YES		
temperature	decimal(3, 3)	YES		
humidity	decimal(3, 3)	YES		
formaldehyde	decimal(3, 3)	YES		
co2	decimal(3, 3)	YES		
monitored_at	datetime(6)	NO		

表 4.7 　　　　　　　　　　国控空气质量监测点表

字段名	数据类型	是否允许为空	PK	字段说明
id	int(11)	NO	auto_increment	
site_code	varchar(6)	NO		
site_name	varchar(50)	NO		
city	varchar(270)	NO		
coordinate	point	YES		

表 4.8 　　　　　　　　　　监测点数据表

字段名	数据类型	是否允许为空	PK	字段说明
id	int(11)	NO	auto_increment	
site	varchar(255)	YES		
recorded_at	datetime(6)	YES		
aqi	int(11)	NO		
pm25	decimal(7, 2)	NO		
pm10	decimal(7, 2)	YES		
so2	decimal(7, 2)	YES		
no2	decimal(7, 2)	YES		
co	decimal(7, 2)	YES		
o3	decimal(7, 2)	YES		

表 4.9　　　　　　　　　　土壤/灰尘采样点表

字段名	数据类型	是否允许为空	PK	字段说明
id	int(11)	NO	auto_increment	
point_no	varchar(4)	NO		
coordinate	point	YES		

表 4.10　　　　　　　　　　采样点数据表

字段名	数据类型	是否允许为空	PK	字段说明
id	int(11)	NO	auto_increment	
cu	decimal(5, 2)	NO		
zn	decimal(6, 2)	NO		
pb	decimal(6, 2)	NO		
cd	decimal(6, 3)	NO		
cr	decimal(7, 3)	NO		
as	decimal(7, 3)	NO		
hg	decimal(8, 6)	NO		
mn	decimal(7, 2)	NO		
ni	decimal(5, 2)	NO		
point_no	int(11)	NO		

表 4.11　　　　　　　　　　地理信息表

字段名	数据类型	是否允许为空	PK	字段说明
id	int(11)	NO	auto_increment	
name	varchar(270)	YES		
district_parent_id	smallint(6)	YES		
initial	varchar(3)	YES		
initials	varchar(30)	YES		
pinyin	varchar(600)	YES		

续表

字段名	数据类型	是否允许为空	PK	字段说明
extra	varchar(60)	YES		
suffix	varchar(15)	YES		
code	varchar(30)	YES		
area_code	varchar(30)	YES		
order	int(11)	YES		

表 4.12 **综合多介质环境健康风险表**

字段名	数据类型	是否允许为空	PK	字段说明
id	int(11)	NO	auto_increment	
risk	double	NO		
time	datetime(6)	NO		
user_id	int(11)	NO		

表 4.13 **环境健康风险分类数据表**

字段名	数据类型	是否允许为空	PK	字段说明
id	int(11)	NO	auto_increment	
Type	Int(11)	NO		
risk	double	NO		
time	datetime(6)	NO		
user_id	int(11)	NO		

表 4.14 **Session 会话表**

字段名	数据类型	是否允许为空	PK	字段说明
session_key	varchar(40)	NO		
session_data	longtext	NO		
expire_date	datetime(6)	NO		

表 4.15　　　　　　　　　　　访问权限分组表

字段名	数据类型	是否允许为空	PK	字段说明
id	int(11)	NO	auto_increment	
group_id	int(11)	NO		
permission_id	int(11)	NO		

表 4.16　　　　　　　　　　　访问权限控制表

字段名	数据类型	是否允许为空	PK	字段说明
id	int(11)	NO	auto_increment	
name	varchar(255)	NO		
content_type_id	int(11)	NO		
codename	varchar(100)	NO		

表 4.17　　　　　　　　　　　管理活动记录表

字段名	数据类型	是否允许为空	PK	字段说明
id	int(11)	NO	auto_increment	
action_time	datetime(6)	NO		
object_id	longtext	YES		
object_repr	varchar(200)	NO		
action_flag	smallint(5) unsigned	NO		
change_message	longtext	NO		
content_type_id	int(11)	YES		
user_id	int(11)	NO		

4.5.5　主要算法、业务逻辑及程序实现

本系统实现了计算机前后端业务逻辑程序、地理信息系统相关的 IDW 插值算法、环境科学相关的环境健康风险评价模型算法等,本节将对其中几个主要的算法、业务逻辑及其代码实现进行介绍说明。

4.5.5.1　Inverse Distance Weighting(IDW)插值算法

Inverse Distance Weighting(IDW)算法是一种根据一组零散的已知点数据进行多变量插值的确定性算法(deterministic method)，该算法通过反距离的幂值来对不同距离范围内的已知坐标-数据点进行加权，并根据权重在一定范围内给出目标点的预测数据。算法中不同幂值的选取决定了距离范围对已知点权重的影响程度，已知点数量、与目标点平均距离的大小对目标点数据的预估值有显著影响[19]。

本系统中采用 IDW 插值算法的 Python 实现程序来实时、动态地根据一定范围内采样点、监测点布设位置及其监测数据预测该区域内任意地理坐标点上的预估污染指数、风险指数，并通过公有程序模块、固定化参数的接口暴露等方式供整个系统中 LBS 相关模块调用，以实现数据按距离插值、任意点实时数据预测、地理数据栅格化等关键任务。

IDW 算法中的主要模型公式为：

$$u(p) = \begin{cases} \dfrac{\sum_1^n \dfrac{1}{\mathrm{dis}(p,\ p_i)^k} u(p_i)}{\sum_1^n \dfrac{1}{\mathrm{dis}(p,\ p_i)^k}} & ,\ \mathrm{dis}(p,\ p_i) \neq 0 \\ 0 & ,\ \mathrm{dis}(p,\ p_i) = 0 \end{cases} \qquad (4.1)$$

其中，k 为反距离加权的幂参数，一般为正实数，在本系统的 LBS 坐标系统和数据尺度下，默认取 2。(4.1)式中已知坐标-数据点 p_i 与预测位置点 p 距离的负 k 次幂为该已知点的权重，即：

$$w_i(p) = \mathrm{dis}(p,\ p_i)^k \qquad (4.2)$$

在本系统的 LBS 应用实例中，会出现部分区域已知点数量过多或过于分散等特殊情况，在已知坐标-数据点集中于目标点周围且一定半径范围 R 外的点集对预测结果影响不大时，可以将插值预测结果限定在对半径为 R 的圆周内坐标-数据点集的使用，此时各已知坐标-数据点的权重为：

$$w_j(p) = \left(\frac{\max\ ((R - \mathrm{dis}(p,\ p_i)),\ R)}{\mathrm{dis}(p,\ p_i)R} \right)^2 \qquad (4.3)$$

　　(4.1)和(4.3)式中, dis 函数用来计算目标坐标-数据点 p 与已知坐标-数据点 p_i 在 WGS84 坐标系统下的距离, 即:

$$dis(p,\ p_i) = \sqrt{\Delta\mathrm{lng}(p,\ p_i)^2 + \Delta\mathrm{lat}(p,\ p_i)^2} = \sqrt{(p_{i_{\mathrm{lng}}} - p_{\mathrm{lng}})^2 + (p_{i_{\mathrm{lat}}} - p_{\mathrm{lat}})^2}$$

$$(4.4)$$

　　IDW 相关程序代码(Python):

```
class IDW():
    '''
    Args:
    points WithData: 已知坐标-数据点 . 结构: {Point: {'Element': Value}}
    '''
    _p = -2#Power Parameter 幂参数, 此外默认取 2

    def_init_(self, pointsWithData):
        self. pointsWithData = pointsWithData

    def_rad(self, d):
        return d * math. pi/180. 0
    def distance(self, coordinate):
        _EARTH_RADIUS = 6378137
        radLat1 = _rad(self. getLatitude())
        radLat2 = _rad(coordinate. getLatitude())
        a = radLat1-radLat2
        b = _rad(self. getLongitude())-rad(coordinate. getLongitude())
        s = 2 * asin(sqrt(sin(a/2) * * 2)+cos(radLat1) * cos(radLat2) *
(sin(b/2) * * 2)))
        s = s * _EARTH_RADIUS
        return s
    def targetPointData(self, targetPoint):
```

```
'''
    Args：
        targetPoint：Point object
    Returns：
        result dictionary.｛'Element'：Value｝
'''


denominator = 0
for point in self. pointsWithData. keys( )：
    denominator += targetPoint. distance( point)  * 100 * * self. _p
weights = ｛｝
for point in self. pointsWithData. keys( )：
    dis = targetPoint. distance( point)  * 100   # ( Point. distance)乘以
100 后单位是 km
    weight = dis * * self. _p ╱ denominator
    weights［point］= weight


pred_values = ｛｝
for point, data in pointsWithData. items( )：
    weight = weights［point］
    for key, value in data. items( )：
    pred_value = pred_values［key］if key in pred_values else 0
    pred_value += float( value)  * weight
    pred_values［key］= pred_value


return pred_values
```

4.5.5.2　多介质环境健康风险评估算法

本系统使用了环境科学领域的环境健康风险评估算法模型来评估任意时间点上用户所处位置或其他地理位置的环境健康风险状况，从而为其健康生活和出行规划提供参考和指导。

参考美国国家环保局(EPA)的部分研究结论及中国生态环境部(原环境保护部)2014 年发布实施的《污染场地风险评估技术导则》中的相关内容[25]，本系统的土壤环境健康风险评估算法如下：

$$OSI = \frac{C \times IR_{oral} \times EF \times ED}{BW \times AD} \times 10^{-6} \tag{4.5}$$

$$ISI = \frac{C \times IR_{inh} \times EF \times ED}{PEC \times BW \times AD} \tag{4.6}$$

$$DSI = \frac{C \times SA \times AF \times ABS \times EF \times ED}{BW \times AD} \times 10^{-6} \tag{4.7}$$

其中，OSI、ISI、DSI 分别为经口摄入、经呼吸摄入、经皮肤摄入的土壤重金属元素暴露剂量(非致癌效应)评估模型；C 为各个金属元素在土壤中的实际浓度采样值；BW 是个体的平均体重(kg)；EF 为曝光频率(day/year)；AD 是平均的接触天数(day)；PEC 是污染物颗粒排放系数(m^3/kg)；ED 是持续的环境暴露时间(year)；SA 是暴露皮肤表面积(cm^2)；AF 是粘附系数($mg/m^2 \cdot day$)；ABS 是真皮吸收因子[21]。部分参考剂量在下文的实现程序中给出。

相关程序代码(Python)：

```
_MetalAttributeItems = namedtuple('MetalAttributes', ['RfD_o', 'RfD_d', 'RfD_i', 'RfC'])
_MetalAttributs = {
  'cu': _MetalAttributeItems(0.04, 0.012, 0.0402, 0.0402),
  # … 略去其余同结构数据
}

class _Exposure():
  '''内部类: sensitive/ insensitive  计算所需的 Exposure 参数

  Atrribute:
    sensitive: A boolean indicating if health risk will be calculated using sensitive
paras.
  '''
```

```
def __init__(self, sensitive):
    if sensit ive is True:
        # 经口摄入
        self.OSI_c = 200
        self.ED_c = 6
        self.EF_c = 350
        self.ABS_o = 1
        self.BW_c = 15.9
        self.AT_nc = 9125
        self.OISER_nc = (self.OSIR_c * self.ED_c * self.EF_c * self.ABS_o) / (self.
BW_c * self.AT_ nc) * 0.000001
        # ... 略去其余同结构代码
    else:
        raise ValueError('sensitive should be a boolean variable.')


class SoilRiskCalculator():
    ''' SoilRiskCalculator
    Attributes:
        metalsConcentrations: Metals must be objects of Metals class.
        sensitive: A boolean indicating if health risk will     be calculated using
sensitive paras.
    '''


def __init__(self, metalsConcentrations, sensitive):
    if isinstance(sensitive, bool) and isinstance(metalsConcentrations, dict):
        self.sensitive = sensitive
        self.metalsConcentrations = metalsConce ntrations
        if sensitive is True:
            self.exposure = _Exposure(sensitive=True)
```

```
elif sensitive is False:
        self.exposure = _Exposure(sensitive=False)
    else:
        raise ValueError('sensitive should be a boolean    variable.')

  def cal TotalHI(self):
    totalHI = 0
    if self.sensitive is True:
      for metal, C_sur in self.metalsConcentrations.items():
        # 经口摄入

        RfD_o = _MetalAttributes[metal].RfD_o
        SAF = 0.2
        HQ_ois = (C_sur * self.e  xposure.OISER_nc) / (RfD_o * SAF)
        # 经皮肤摄入
        RfD_d = _MetalAttributes[metal].RfD_d
        HQ_dcs = (C_sur * self.exposure.DCSER_nc) / (RfD_d * SAF)
        # 经呼吸摄入
        RfD_i = _MetalAttributes[metal].RfC * self.exposur   e.DAIR_c / self.exposu re.
BW_c
        HQ_pis = (C_sur * self.exposure.PISER_nc)/(RfD_i * SAF)

        totalHI += HQ_ois + HQ_dcs + HQ_pis
    return totalHI / len(self.metalsConcentrations)
```

4.5.5.3　LBS 折线编码解析算法 Encoded Polyline Algorithm

本系统采用前后端分离的程序设计，在前端 HTML 页面通过 Ajax 方法加载后台 LBS 服务计算生成、优化的路径折线时，涉及到线路上大量不同精度、不同距离间隔的坐标点的传输。若通过坐标点数组或 Map、Dictionary 等数据结构进行传输，这会占用大量网络带宽资源，还会使得同步的业务流程出现卡顿、异步的业务流程加载缓慢。因此，本系统采用 Google Maps Encoded Polyline Algorithm 编码算法，将二进制数值转换为 ASCII 字符对应的字符编码，通过有损压缩的方式将一系列坐标点存储在单个的字符串内。

Encoded Polyline Algorithm 的算法流程如图 4.41 所示，其输入输出的坐标数据均为 WGS84 坐标系统下的"[lng, lat]"格式单精度浮点数组或 2D 坐标点 Point、Coordinate 类对象。

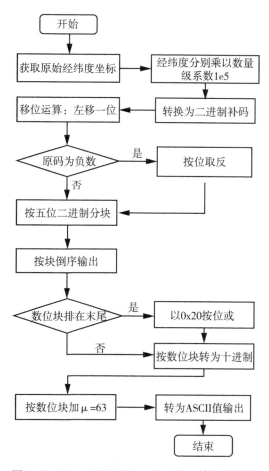

图 4.41　Encoded Polyline Algorithm 算法流程图

本系统结合部分开源代码和 Google 的算法描述[26]，用 Java 语言编写了该算法程序，具体如下：

```
public ArrayList<Coordinate> lbsPolylineDecode(String encoded) {
    ArrayList<Coordinate> poly = new ArrayList<Coordinate>();
    int index = 0, len = encoded.length();
    int lat = 0, lng = 0;
    while (index < len) {
      int b, shift = 0, result = 0;

      do {
        b = encoded.charAt(index++) - 63;
        result |= (b & 0x1f) << shift;
        shift += 5;
      } while (b >= 0x20);
      int dlat = ((result & 1) != 0 ? ~(result >> 1) : (result >> 1));
      lat += dlat;
      shift = 0; result = 0;
      do {
        b = encoded.charAt(index++) - 63;
        result |= (b & 0x1f) << shift;
        shift += 5;
      } while (b >= 0x20);

      int dlng = ((result & 1) != 0 ? ~(result >> 1) : (result >> 1));
      lng += dlng;

    Coordinate p = new Coordinate(((float) ((float) lng / 1E5)), ((float) ((float) lat / 1E5)))
      poly.add(p);
    }
    return poly;
  }
```

4.5.6　部分其他核心业务逻辑程序实现

4.5.6.1　获取全国所有城市空气质量数据

本系统集成了多种气象 API 数据接口以获取全国各城市和国控监测点的空气质量监测数据，后台爬虫程序和 requesters 程序负责定时批量获取并存储这些数据，而 Service 层中用 Java 编写的请求查询相关数据记录并以 HashMap 类对象数据结构返回查询结果的相关代码如下所示：

```java
public HashMap<String, Float> getAllCityPm25() {
    String[] cities =   getAllCities();
    HashMap<String, Float> results = new HashMap<>();
    int numOfTry = 1;
    for (String city : cities) {
        numOfTry = 1;
        JSONObject response = this.aliyunAPIResponse(city);
        while(response == null) {
            if(numOfTry > 3) {
                return null;
            }
            try {
                Thread.sleep(60000);
                numOfTry++;
                response  = this.aliyunAPIResponse(city);
            } catch (InterruptedException e) {
                e.printStackTrace();
            }
        }
        HashMap<String, Float> airData = new HashMap<>();
        for(JSONObject para: response.getJSONObject("result").getJSONObject("aqi" )){
        float paraValue = para.getFloat();
        airData.put(para, paraValue);
    }
        results.put(city, airData);
    }
    return results;
}
```

4.5.6.2 获取最近的监测点环境污染数据

本系统通过多张数据库数据表存储环境污染相关的数据，因此在 Django、JFinal 开发框架中难以直接通过 ORM 模型进行查询和获取。本系统在数据库中进行多表联合查询时，使用了 JFinal 的 Template Engine 引擎来动态生成和管理较为复杂的 SQL 语句，该引擎可以实现程序外部 SQL 文件的热加载，同时可通过相关指令集来动态生成 SQL 语句中的查询参数。本系统使用 Template Engine 管理的有关空气环境污染数据的 SQL 语句代码如下：

```
#namespace("airRecord")
    #sql("findAllRecentBySites")
        SELECT site,longitude,latitude,time,aqi,pm25,pm10,so2,no2,co,o3
        FROM air_record
        INNER JOIN (

                SELECT
                    Max(time) AS max_time,
                    site AS selected_site
                FROM air_record
                WHERE
                    site IN (
                        #for (site : siteList)
                            #(for.index > 0 ? "," : "") #para(site)
                        #end
                    )
                    AND
                    time<=#para(time)
                GROUP BY selected_site
            ) AS max_time_table
            ON
                air_record.time=max_time_table.max_time
                AND
                air_record.site=max_time_table.selected_site
            INNER JOIN china_air_site
                ON air_record.site=china_air_site.site_code
    #end
#end
```

4.5.6.3　按日期获取用户出行定位

本系统 Service 层的业务逻辑还涉及对数据的操作、与 Controller 层之间的数据交互以及 View 层的 HTML 数据加载与页面渲染，这些业务逻辑一般也负责对核心系统功能和算法所产生的数据、输出结果的存取与调用等。例如，按日期获取用户出行定位的 Service 层 Java 程序代码为：

```
public List<UserLocation> getLocationsByDate(String account, String date)    {
    String username = userServ.getUsernameByAccount(account);
    Calendar time = Calendar.getInstance();
    try {
        time.setTime(dateStr.parse(date));
    } catch (ParseException e) {
        return null;
    }
    String  sql  = "select longitude,latitude,tim e from user_location where username=?
and time BETWEEN ? AND ?", username, dateStr.format(time.getTime()) + " 00:00:
00", dateStr.format(time.getTime()) + " 23:59:59";
    List<UserLocation> locations = UserLocation.dao.find(  sql);
    return locations;
}
```

4.6　智能环境健康系统测试与改进

4.6.1　系统测试的目标

基于 LBS 的可视化智能环境健康系统的核心 Web 开发工作采用了当下主流的前后端分离、模块化开发的技术路径，并通过 RESTful API 接口简化了 Web 开发流程，降低了前后端的耦合程度，而通过 JFinal 和 Django 等技术框架实现的 Applications 模块化编程也使得基于 Python unittest、JFinal ActiveRecordPlugin 等工具和组件进行项目模块的单元测试成为了可能。在本系统的开发过程中，不同的测试可以发挥不同的作用：

（1）在编写新的程序时，可以使用 unittest 来验证代码是否按预期工作；

（2）在按照技术开发路径计划优化系统设计、重构或修改旧代码时，可以使用 TestCase、TestClient 来确保代码的版本更改不会影响应用程序的运行；

（3）在基础模块开发完毕及系统整体开发阶段性完成后，按照一定的策略和顺序执行全局的测试用例，如模拟请求、插入测试数据、检查应用程序的输出等，可以确保各个模块间的耦合关系和相互调用中不存在循环调用、引用关系缺失等错误，同时也可以及时发现系统中的逻辑漏洞和有待改进的交互设计。

4.6.2　系统的功能测试

本次测试主要针对基于 LBS 的可视化智能环境健康系统的功能性指标和非功能性指标是否满足预期的设计标准，系统各部分是否能够正常工作，是否在对给定的输入参数进行程序化处理与运算后能输出正确的结果。本系统测试过程中，既通过 JFinal ActiveRecordPlugin、Python unittest 等工具进行 REST API 接口的单元测试，也通过 Python Django Shell 和 Celery 异步任务等组件进行系统算法模型的数据模拟、程序计算测试。测试过程中，测试用例的设计和使用直接决定了测试是否能够覆盖所有的系统功能与模块，也将影响对系统功能完整性、性能优势等的评估与改进，因此测试用例应当尽可能全面地覆盖整个系统的 API 接口，并针对各类程序运行的边界值、极端情况进行单独的测试。

1. User 模块功能测试

表 4.18 为用户登录功能测试：

表 4.18　　　　　　　　　用户登录功能测试用例表

输入（key-value 格式）	预计	输出	结果评价
account：test_user password： E&！q@ UA3Kz#sk0H1	可正常 登录	code：0 msg：登录成功 data： -token： dc9b45c4f58e105115a090bfdee 646c2b102db91	测试 通过

续表

输入（key-value 格式）	预计	输出	结果评价
account：null password： E&！q@ UA3Kz#sk0H1	缺少参数	code：10002 msg：缺少参数	测试 通过
account： test_user@ gmail. com password： E&！q@ UA3Kz#sk0H1	可正常 登录	code：0 msg：登录成功 data： --token： dc9b45c4f58e105115a090bfdee 646c2b102db91	测试 通过
account： -%%#$@ abc. com password： E&！q@ UA3Kz#sk0H1	参数格式 有误	code：10003 msg：参数格式有误	测试 通过

表 4.19 为用户注册功能测试：

表 4.19　　　　　　　　　**用户注册功能测试用例表**

输入（key-value 格式）	预计	输出	结果评价
account：test_user password： E&！q@ UA3Kz#sk0H1 verification：30005 email：test@ gg. com phone：13000000000	可正常 登录	code：0 msg：登录成功	测试 通过

输入(key-value 格式)	预计	输出	结果评价
account：null password： E&！q@ UA3Kz#sk0H1 verification：30005 email：test@ gg. com phone：13000000000	缺少参数	code：10002 msg：缺少参数	测试 通过
account：testuser password： verification：30005 email：test@ gg. com phone：13000000000	缺少参数	code：10002 msg：缺少参数	测试 通过
account：testuser password： E&！q@ UA3Kz#sk0H1 verification： email：test@ gg. com phone：13000000000	验证码 错误	code：10015 msg：验证码错误	测试 通过
account：testuser password： E&！q@ UA3Kz#sk0H1 verification：30005 email：gg. com phone：13000000000	参数格式 有误	code：10003 msg：参数格式有误	测试 通过

2. Monitoring 模块功能测试

表 4.20 为上传数据功能测试：

266

表 4.20 **上传数据功能测试用例表**

输入（key-value 格式）	预计	输出	结果评价
sensor_no：W145 pm25：85 temperature：27 humidity：61 formaldehyde：null co2：34	可正常 记录	code：0 msg：操作成功	测试 通过
pm25：85 temperature：27 humidity：61 formaldehyde：null co2：34	缺少参数	code：10002 msg：缺少参数	测试 通过
sensor_no：#### pm25：85 temperature：27 humidity：61 formaldehyde：null co2：34	设备编号 有误	code：30012 msg：设备编号有误	测试 通过

表 4.21 为获取监测点信息功能测试：

表 4.21 **获取监测点信息功能测试用例表**

输入（key-value 格式）	预计	输出	结果评价
city：wuhan pages：6	可正常 获取	code：0 msg：操作成功 data： --[　site_no：A1144 ……]	测试 通过

续表

输入（key-value 格式）	预计	输出	结果评价
coordinate： 30. 569326，114. 326523 pages：6	可正常 获取	code：0 msg：操作成功 data：……	测试 通过
pages：6	缺少参数	code：10002 msg：缺少参数	测试 通过

表 4. 22 为获取监测点数据功能测试：

表 4. 22　　　　　　　　**获取监测点数据功能测试用例表**

输入（key-value 格式）	预计	输出	结果评价
site_no：A1144 date：2018-02-02	可正常 获取	code：0 msg：操作成功 data：……	测试 通过
coordinate： 30. 569326，114. 326523 date：2018-02-02	可正常 获取	code：0 msg：操作成功 data：……	测试 通过
null	缺少参数	code：10002 msg：缺少参数	测试 通过

3. Sampling 模块功能测试

表 4. 23 为获取采样点数据功能测试：

表 4. 23　　　　　　　　**获取采样点信息功能测试用例表**

输入（key-value 格式）	预计	输出	结果评价
sampling_point：W12	可正常 获取	code：0 msg：操作成功 data：……	测试 通过

输入（key-value 格式）	预计	输出	结果评价
sampling_point：W12 fields：［cu，cd］	可正常 获取	code：0 msg：操作成功 data：……	测试 通过
sampling_point：null	采样点 错误	code：30001 msg：采样点编号有误	测试 通过

表 4.24 为获取插值点数据功能测试：

表 4.24　　　　　　　　**获取插值点信息功能测试用例表**

输入（key-value 格式）	预计	输出	结果评价
coordinate： 30. 569326，114. 326523	可正常 获取	code：0 msg：操作成功 data：……	测试 通过
coordinate： 30. 569326，114. 326523 p_range：−2	可正常 获取	code：0 msg：操作成功 data：……	测试 通过
coordinate：null p_range：−2	缺少参数	code：10002 msg：缺少参数	测试 通过
coordinate： 30. 569326，114. 326523 p_range：200	计算参数 超出限制 范围	code：0 msg：incorrect range limitation	测试 通过

4.6.3　系统算法的模拟与测试

本系统中通过云端后台程序实现的 Inverse Distance Weighting Interpretation 算法和 HealthRisk 多介质环境健康风险评估等算法模型对系统的环境健康风险状况评估、用户的 LBS 健康监测与健康生活规划等核心功能起着重要的作用，因此对各个算法子程序和子模块进行数据模拟、模拟数据输入、输出结果校验和算法表征模式评估等模拟与测试显得尤为重要。

本研究采用 GeoDjango 中的 GIS 空间点 gis. geos. Point 类来进行 IDW 算法和多介质环境健康风险评估算法的地理坐标、空间定位、移动路线的数据模拟，并通过以下程序代码继承使用 TestCase 来进行用例测试：

```
class IDWTestCase(TestCase):
  def setUp(self, target_values):
    self.target_values = target_values


  def test_idw(self):
    points = {
      Point(110.313681,20.032681): {'PM2.5': 86.5, 'PM10': 94},
      Point(110.277288,19.980741): {'SO2': 15, 'NO2': 10},
      Point(110.341833,19.983968): {'O3': 6.7}}
    idw = IDW(points)
    targer_point = Point(110.317114,20.003326)
    print(targer_point)
    iterpolation = idw.targetPointData(Point(110.317114,20.003326))
    self.assertEqual(iterpolation, self.target_values)
    for key,value in iterpolation.items():
      print(key + ': ' + str(value))
```

程序的输出结果如图 4.42 所示：

图 4.42　IDW TestCase 测试输出结果

表 4.25 为用于 IDW 算法的各类型测试用例：

表 4.25   **IDW 算法测试用例表**

输入（伪代码表示）	目标预测点	输出

points = {
Point(110. 313681 ,20. 032681)
valus：{'Na': 1, 'Pb': 1, 'Cu': 1}
},{
coor：Point(110. 277288 ,19. 980741)
valus：{'Na': 1, 'Pb': 1, 'Cu': 1}
},{
coor：Point(110. 341833 ,19. 983968)
valus：{'Na': 2, 'Pb': 2, 'Cu': 2}}
}
	Point
	(110. 317114 ,
	20. 003326)
		POINT（110. 317114
		20. 003326）
		Na：1. 3847960195949143
		Pb：1. 3847960195949143
		Cu：1. 3847960195949143

points = {
Point(110. 313681 ,20. 032681)
valus：{ 'Zn': 22. 7, 'Pb': 35. 6, 'Cu': 100}
},{
coor：Point(110. 277288 ,19. 980741)
valus：{ 'Cr': 1. 5, 'Pb': 0. 6, 'Cu': 50 }
},{
coor：Point(110. 341833 ,19. 983968)
valus：{ 'Na': 20, 'Pb': 20, 'Cu': 20 }}
}
	Point
	(110. 317114 ,
	20. 003326)
		POINT（110. 317114
		20. 003326）
		Zn：9. 857447056225057
		Pb：23. 263749695025783
		Cu：60. 16855786198751
		Cr：0. 27143281711258127
		Na：7. 695920391898281

points = {
Point(110. 313681 ,20. 032681)
valus：{ 'PM2. 5': 86. 5, 'PM10': 94}
},{
coor：Point(110. 277288 ,19. 980741)
valus：{ 'SO2': 15, 'NO2': 10}
},{
coor：Point(110. 341833 ,19. 983968)
valus：{ 'O3': 6. 7 }}
}
	Point
	(110. 317114 ,
	20. 003326)
		POINT（110. 317114
		20. 003326）
		PM2. 5：
		37. 562518518214425
		PM10：
		40. 819384285689665
		SO2：
		2. 7143281711258123
		NO2：
		1. 8095521140838748
		O3：2. 5781333312859243

　　为了测试本系统的多介质环境健康风险评估算法对用户日常生活中的环境健康风险的实时计算能力，以及在面向个人用户的健康出行路线优化、日均环境风险评估等场景下密集坐标-数据点集的处理能力，本研究采用多场景 POI 选点、按小时随机投射点集、LBS 步行线路累加拼接、地图区块点数加权平衡的方式模拟一位特定用户（学生、白领、工人等）在特定生活工作区域若干天数内每小时的详细出行线路，并基于 POI 点的场景选择随机确定室内外点集分类，在此基础上将大量数据点作为输入数据，供多介质环境健康风险评估算法进行日均、月均和按用户指定的时间精度计算其综合环境健康风险指数。

　　在本次测试中，选取的用户人群为学生，模拟的主要活动地点位于校园内及周边地区，用户的坐标位置模拟采集频率为 10 分钟采集上传一次。一次坐标点模拟的方法为在各个场景给定的 POI 点集中随机选择一个，以该点为中心和起始坐标，在其周围一定半径范围内随机投射若干室内、室外定位点，并采用一定的排序策略和 LBS 几何计算方法，对室外点进行合理的轨迹纠偏，最终形成分布在各个给定 POI 点之间带状区域内的若干数目点集，其中轨迹纠偏的各项参数指标会结合各点间的 LBS 步行导航线路与期望的合理化路线间的距离不断进行调整。图 4.43 所示的是其中一天每隔 10 分钟随机投点、按场景与轨迹偏离确定室内外后的模拟定位及轨迹情况：

　　根据该模拟用户三天的定位结果和该时间范围内实际的气象、土壤等环境情况抓取记录，通过多介质环境健康风险评估算法程序所计算出的日均环境健康风险状况如图 4.44 所示：

　　以上计算结果符合测试的预期，说明算法能够准确地反映用户所处时间和位置的环境健康风险情况，同时符合实际的环境污染变化数据的记录情况，各项接口和程序的调用也符合设计规定。

　　综上，本研究所设计实现的基于 LBS 的可视化智能环境健康系统的各项测试结果符合预期，在功能、性能和数据计算准确度等方面满足系统的前期设计要求。

图 4.43 模拟用户 24 小时室内外定位点及线段轨迹

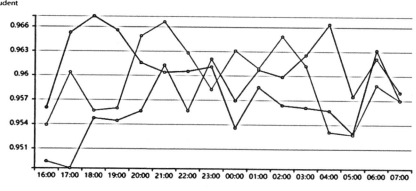

图 4.44 连续 3 日内 24 小时平均环境健康风险值

4.7 小结

本研究针对城镇居民对美好环境、健康生活的需要与不平衡、不充分的生态环境、"主动健康"产业的发展间出现的矛盾，以及现有的污染监测系统精度不足、一定范围内的环境数据误差较大、难以实现合理的任意点插值预测、数据展示不尽合理等具体问题，设计实现了以 Docker 容器、Nginx 负载均衡服务器软件为底层架构，以 SSL/TLS、HTTPS 协议等为数据安全保障措施，以 Python、Java、JavaScript、HTML 为主要程序设计语言，以 JFinal、GeoGjango、Django REST Framework 为主要开发框架，以 RESTful API 接口、简单爬虫程序为主要数据输入载体，以 Web 端网站应用为主要应用形式，以 Android App、IoT 环境监测传感器设备为拓展组件的基于 LBS 技术的可视化环境健康系统。该系统可以为城镇居民用户、政府机构、科研人员提供高精度、高覆盖率的环境污染情况实时可视化显示服务，以及人体环境健康风险动态评估和以健康为导向的出行路线、跑步运动路径规划等功能，探索"新工科"以量化的方法帮助人民群众追求美好生活的新途径。

经过系统的前期设计、中期程序实现和后期集成测试，基于 LBS 的可视化智能环境健康系统可以满足本研究所规定的各项功能、性能要求，基本达到了研究预期。其中，以 Docker 为基础的底层系统架构可实现系统设计要求的模块化开发、自动化部署；以 Nginx 软件为基础的服务器架构可以基本保证本系统的稳定性及各类接口、端口暴露和 URL 路由设计；以 SSL-Companion 自动化工具为基础的 TSL/SSL 组件可以保证系统的数据传输安全；遵循 RESTful API 模式的软件接口设计可满足系统前后端的交互要求；系统中的各个算法程序能在模拟给定的输入数据时计算出正确的输出数据，且计算性能、时间空间复杂度等在规定范围内。

在系统开发和测试优化过程中，本研究也发现该系统仍有可进一步优化和改进之处，主要有以下几点：

（1）系统的数据可视化和用户体验可以进一步提升，可以更加注重用户友好型的设计；

（2）用户的个人健康档案和个性化的环境健康风险预警、健康生活管理与规划等功能可以进一步改进提升。系统可通过集成更多的数据科学、环境科学的算法模型，深入挖掘系统数据库中的环境污染数据、健康风险数据和用户个人健康数据，并进一步将算法模型的参数合理优化为针对不同用户"千人千面"的个性化指数；

（3）系统可以加入更多以数据和算法为基础的应用模块，通过大数据、人工智能的算法和方法，以系统化和自动化的方式有效地指导用户的健康生活。例如可以增加用户周边环境污染状况突变时的预警，也可以结合IoT智能穿戴设备和生物科学、机器学习模型监测用户的个人健康状况并做出疾控预警；

（4）作为系统拓展延伸部分的移动端 App 可以继续迭代升级，在 UI 设计、交互设计和模块功能上继续完善；IoT 环境监测传感器和可穿戴式人体健康监测设备也可以继续集成开发、校准升级。

本研究涉及的软件代码已经获得了国家计算机软件著作权（登记号为2021SR0140978）。

参考文献

［1］李彬. 我国农村环境污染治理法律问题研究［D］. 四川：四川省社会科学院，2016.

［2］习近平. 决胜全面建成小康社会　夺取新时代中国特色社会主义伟大胜利——在中国共产党第十九次全国代表大会上的报告［J］. 四川党的建设，2017，21：10-31.

［3］张慧源. 我国城镇居民生活质量评估研究［J］. 中国集体经济，2014，12：124-128.

［4］2017 年我国大健康行业产业结构及市场规模分析［EB/OL］. 中智科博产业经济发展研究院. http：//www. zzkb. org/hangyedongtai/5436. html. 2017.

［5］推动环保公众参与　创新环境治理模式——解读《关于推进环境保护公众参与的指导意见》［EB/OL］. 中华人民共和国生态环境部. http：//www. mee. gov. cn/xxgk/hjyw/201407/t20140731_280717. shtml. 2014.

［6］前瞻产业研究院 . 2019—2024 年中国移动医疗行业典型商业模式与构建设计策略分析报告［R］. 前瞻产业研究院，2018，https：//bg. qianzhan. com/report/detail/c7ac56a488d943ff. html？bdqztdyd.

［7］哈吉德玛 . 基于位置服务（LBS）的应用研究［J］. 现代信息科技，2019，3（04）：61-62.

［8］朱洪军 . 基于 GIS 的移动终端 LBS 系统建设与实现［D］. 上海：华东师范大学，2008.

［9］胡中华 . 论环境监测中空气污染监测点的布设［J］. 低碳世界，2017，02：27-28.

［10］罗玮祥，伍博炜 . LBS 视频云服务在餐饮行业中的应用需求研究［J］. 绿色科技，2015，10：300-304.

［11］富野 . 基于大数据环境的健康监测管理系统的研究与设计［J］. 电脑知识与技术，2018，14（24）：81-82.

［12］田寿全，袁成，向娟 . 基于 JFinal 的信息化测绘管理系统设计与实现［J］. 地理空间信息，2019，17（03）：86-88+112+11.

［13］袁慧，张轩 . Docker 框架下的虚拟化应用平台建设研究［J］. 自动化与仪器仪表，2019，03：39-42.

［14］刘全飞，周相兵 . 基于 Nginx 的站点管理系统设计与实现［J］. 电脑开发与应用，2015，28（01）：8-10+13.

［15］使用 Nginx 抵御 DDOS 攻击［EB/OL］. CSDN 博客 . https：//blog. csdn. net/feng88724/article/details/51144337. 2018.

［16］冯贵兰，李正楠 . Nginx 反向代理在高校网站系统中的应用研究［J］. 网络安全技术与应用，2017，06：111.

［17］操凤萍，余跃海，刘雪娟 . 基于 LBS 的足迹移动分享系统研究与实现［J］. 软件导刊，2018，17（11）：17-21.

［18］宁湘翼 . 容器技术在云平台中的应用［J］. 电子技术与软件工程，2019，06：173.

［19］李海涛，贾增辉 . 基于地理信息系统的空间插值算法研究［J］. 计算

机光盘软件与应用, 2013, 16(02)：49.

[20]吕云翔, 李子瑨. 高校在线课程学习网站的探究与实现[J]. 计算机教育, 2015, 23：38-42.

[21]环境保护部. 污染场地风险评估技术导则 HJ 25.3—2014[S]. 2014：53-55. http：//datacenter. mee. gov. cn/websjzx/report！list. action? xmlname = 1520238134405.

[22]Hung L. , Kristiyanto D. , Lee S. , et al. GUIdock：Using Docker Containers with a Common Graphics User Interface to Address the Reproducibility of Research[J]. PLOS ONE, 2016, 11(4)：e0152686.

[23]GeoDjango Tutorial ｜ Django documentation ｜ Django[EB/OL]. Docs. djangoproject. com. https：//docs. djangoproject. com/en/2. 2/ref/contrib/gis/tutorial. 2019.

[24]Wang B. , Li W. , Mei Q. Location system design based on wireless sensor network for landslide monitoring[J]. Journal of Computer Applications, 2013, 32(6)：1831-1835.

[25]Li F. , Cai Y. , Zhang J. Spatial Characteristics, Health Risk Assessment and Sustainable Management of Heavy Metals and Metalloids in Soils from Central China[J]. Sustainability, 2018, 10(2)：91.

[26]Encoded Polyline Algorithm Format[EB/OL]. Google Developers. https：//developers. google. com/maps/documentation/utilities/polylinealgorithm, 2018.

[27]Tsega, Habtom B. Spatial database modeling and consistency in web frameworks engineering[C]. Asia GIS 2010 International Conference. Asia GIS Association, 2010.

第5章 结论与展望

5.1 结论

本研究针对目前国内外城市环境与健康风险管理领域技术方法中的不足，面向智慧城市探索和发展了城市环境与健康智慧管理的有关核心理论并进行实践，所架构的多尺度、多介质、多暴露、多目标的城市环境与健康智慧管理系列技术属于多学科交叉研究关键。目前，研究主要讨论并实现了基于集成学习的 PM2.5 污染智能预警系统、基于大气 PM2.5 暴露的城市绿色健康出行系统、基于物联网的老年人跌倒监护系统和基于 LBS 的可视化智能多介质环境与公共健康风险管理系统等前沿理论及其应用，经验证上述系统均展现了良好的区域多目标环境与公共健康管理决策辅助能力，主要结论包括：

（1）PM2.5 污染智能预警系统通过运用集成学习算法对多个机器学习算法进行融合，其中 Stacking_HuBer 集成模型的训练效果最佳，模型的 R^2 达到了 0.931，RMSE 达到了 50.627 $\mu g/m^3$，MAE 达到了 14.537 $\mu g/m^3$，由此实现了对 PM2.5 浓度的高精度短期预测。基于上述模型，结合 PM2.5 浓度阈值设定，在 Web 开发技术 Python+Django 框架，本研究成功开发了一款基于集成模型的 PM2.5 污染智能预警系统，该系统可以帮助用户进行大气 PM2.5 环境暴露的科学防治。

（2）基于大气 PM2.5 暴露的城市绿色健康出行系统旨在解决城市空气污染和居民绿色健康出行之间的矛盾，系统将健康出行与绿色出行理念相融合，综合考虑静态地理信息和动态的PM2.5浓度、个人定位信息，借助ArcGIS对道路地图进行路网拓扑化处理，构建了路网路段相对PM2.5暴露风险计算模型。模拟评估显示基于PM2.5暴露风险权重的最低风险路线相较于基于距离权重的最短距离路线所面临的暴露风险明显降低，并且此差异在从低PM2.5浓度区域到高PM2.5浓度区域时更显著（平均达27%）。之后本研究借助Django框架搭建了系统，以低PM2.5暴露风险和最短出行距离综合作为路径规划准则，科学地协助用户在城市道路网中寻找具有最低出行风险的路径。

（3）基于物联网的老年人跌倒监护系统针对老年人数量逐渐增多且老人易发生跌倒这一现象及其潜在危害，设计了这一系统。该系统集成了IoT便携式感知手环，采取佩戴方式来采集日常的人体数据，结合陀螺仪和心率传感器的相关数据，与通过大量实验分析计算出的阈值进行比较，综合判断是否发生跌倒。同时，系统采用GPRS技术将相关的数据传输到远程服务器保存，当发生跌倒时定位功能会根据智能手机是否打开GPS选择最佳的定位方式进行定位并自动呼救。研究提出并验证了心率和跌倒检测算法，跌倒检测采用的是阈值法，将传感器层测量的数据在智能手机层处理，然后与加速度阈值进行比较，再综合分析判断用户是否发生跌倒，最后对跌倒算法进行测试，实验的准确度为97%。

（4）基于LBS的可视化智能环境健康系统的思路为：建立并优化基于云端计算的多介质人体环境健康风险的评估算法和体系，使用爬虫技术和API接口调用程序，结合扩展的IoT环境污染、人体健康监测传感器实现环境健康数据广泛采集。本系统采用模块化、层次化的结构设计，数据库层级采用MySQL数据库，并通过Django ORM、JFinal Service层进行交互和管理。系统模块分别为：用户信息管理模块，提供用户登录注册、个人健康信息数据管理等功能；环境污染监测模块，通过多途径网络API数据接口和爬虫程序获取城镇环境污染状况的高精度数据，并扩展出物联网环境监测设备的数据接口，实现全覆盖的实时监测；环境健康算法程序模块，通过基于云计算的IDW算法、智能环境健康风险动态评估算法为个人用户科学估算暴露在多介质环境中实时的健康风险情况；健康导航模块，采用混合策略的 LBS 出行路线规划，为用户提供健康出行导航和健康跑步路线规划等功能。

5.2　创新突破点

（1）经"软"与"硬"双通路构建高质量环境与健康风险大数据

研究中许多数据是通过网络信息抓取、API 数据接口调用或是兼容机构调研统计结果等"软"途径获得，但在环境与健康领域中经常涉及到像时序环境质量数据与人体健康参数这样具有高敏感性且极难获取的数据，故本研究尝试在区域范围内对物联网下小型室内外环境监测传感器和个人智能穿戴设备进行开发与应用，并配合中尺度的区域多要素环境监测，来解决外源数据造成的数据可信度问题，探索使环境与健康大数据科学有效地"硬"起来的方法，这是本研究交叉融合突破的创新点。

（2）"物联网+"的城市多介质环境中污染物的动态健康风险精准评估

目前，国内外环境健康风险评估基本属于静态评估，从受体的暴露情景假设到受体的暴露参数设置通常是基于最大保护性原则展开，但很明显受体是动态的且它的参数具有特异性，因此最大保护性原则下的健康风险评估结果易失真而造成决策失误。本研究利用物联网技术尝试开发个人智能穿戴设备与手机端 APP，拟借助居民对美好环境与健康生活的需求利用服务模式来同时获得真实的个人生活信息和饮食习惯、身高、体重等暴露参数，同时利用北斗/GPS 实时记录用户逐日的行为轨迹与停留时间，继而结合所在区域环境污染地图，从而可在保障用户信息安全的前提下完成高精度的城市多介质环境中污染物的动态健康风险评估，这是本研究多学科技术综合的突破点。

（3）环境与健康大数据在公共健康管理决策等领域的协同应用

本研究构建的创新型环境与健康大数据的核心是"环境-健康风险"数据库，它可以为政府的公共健康管理决策与个人用户的健康保健管理决策提供支持，同时该数据库也可以和同区域内的工业企业分布数据库、环境损害案例数据库、宏观经济数据库等进行协同分析，分析所得结果可帮助决策者在保护城市居民环境健康的前提下实现绿色经济的布局与发展，并进行系统化、专业化的应用拓展实践，这是本研究的多目标应用创新点。

5.3 展望

上述结论说明本研究基本达到了最初拟定的研究目的，初步探索了城市环境与健康智慧管理有关的核心理论与实践，所架构的多尺度、多介质、多暴露、多目标的环境与健康智慧管理系列技术展现了良好的区域环境与健康公共管理决策辅助能力，但本书所建构的体系尚处于起步阶段，其中部分理论和技术方法还不够完善，还有一些问题有待进一步的探讨和研究：

（1）基于地理建模的城市多介质环境中化学品的归趋模拟。本研究提出并初步实现了城市多介质环境的健康风险评估系统，而目前化学品在各个介质中的含量尚属于基于分别监测的"静态"，而化学品在城市物质循环中属于不断动态平衡分配和转化的趋势。加拿大多伦多环境研究中心的 Donald Mackay 教授就提出了逸度模型用以研究此类问题，但目前国内还没有比较成熟的描述区域环境化学品的多介质环境行为的模型，故需要进一步探索并将基于地理建模其进行智能化。

（2）民用级便携式 IoT 环境与健康智慧穿戴设备的设计与开发。本研究设计并初步组装了基于民用级 IoT 传感器的便携大气质量监测器、智能手环设备，并建立了一套可靠的数据传输模式。但人们在城市环境中的暴露方式多种多样，尤其是要重视室内环境污染暴露，故若要达到更加精准的暴露评估目标就需要设计开发更加人性化和工业化的智慧穿戴设备。同时，民用级传感器也需要进行标准化，不断提高其检测精度和稳定性，如果可以达到更好的便携和准确性那么未来或许可以和智能手机兼容。

（3）多目标环境与健康管理应用的设计与开发。本研究目前虽开发了环境健康导航、老年人跌倒监护等前沿应用，但在系统 UI 设计和网络手机应用的完整度、精细度上都仍有较大的改进空间。在人民日益增长的美好生活需要和不平衡不充分的发展之间的矛盾成为我国社会主要矛盾的背景下，如何以可持续环境公平为理念开发出更加科学化、多元化、可大范围推广的环境与健康管理应用成为了下一阶段研究的重点之一，其中私人订制环境健康智慧服务将成为其商业化的关键突破点。

（4）可持续环境公平为理念下的环境与健康资本损益平衡管理研究。本研究虽然没有直接涉及这个主题，但本书所有理论和实践均为这个主题的实现提供了支持。当代和代际环境健康公平是社会经济高质量发展的内在要求，也是人民群众美好生活的基石，研究将协同本文内容同时探索精准环境健康经济衡量系统，这是未来要求的重点之一。

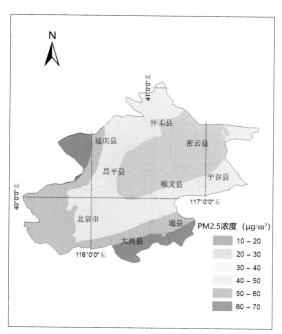

图2.37 基于反距离权重法的PM2.5浓度空间插值

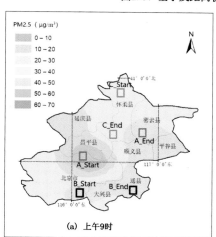

(a) 上午9时

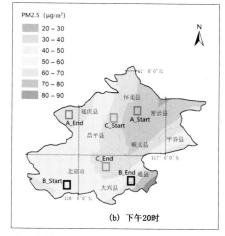

(b) 下午20时

图2.40 对比分析研究案例

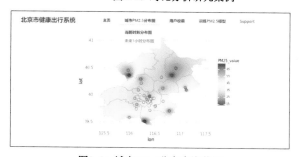

图2.54 城市PM2.5分布查询截图

图4.18 Web端实时环境健康风险评估页面

图4.19 Web端健康出行路线规划页面

图4.25 APP端采样点布设示例　　　　　图4.26 APP端动态健康风险评估页面